给建筑师的思想家读本

建筑师解读 列斐伏尔

[英] 纳撒尼尔·科尔曼 著

林 溪 林 源 译

中国建筑工业出版社

著作权合同登记图字：01-2018-7791 号

图书在版编目（CIP）数据

建筑师解读列斐伏尔 /（英）纳撒尼尔·科尔曼著；
林溪，林源译．—北京：中国建筑工业出版社，2021.4（2024.11重印）
（给建筑师的思想家读本）
书名原文：Lefebvre for Architects
ISBN 978-7-112-25784-3

Ⅰ．①建… Ⅱ．①纳… ②林… ③林… Ⅲ．①列斐伏尔（Lefebvre, Henri 1901-1991）—哲学思想—影响—建筑学—研究 Ⅳ．① TU-05 ② B565.59

中国版本图书馆 CIP 数据核字（2020）第 267416 号

Lefebvre for Architects, 1st Edition / Nathaniel Coleman, 9780415639408

责任编辑：戚琳琳 董苏华 文字编辑：吴 尘 责任校对：芦欣甜

给建筑师的思想家读本
建筑师解读 列斐伏尔
[英] 纳撒尼尔·科尔曼 著
林 溪 林 源 译
*
中国建筑工业出版社出版、发行（北京海淀三里河路9号）
各地新华书店、建筑书店经销
北京点击世代文化传媒有限公司制版
建工社（河北）印刷有限公司印刷
*
开本：880 毫米 ×1230 毫米 1/32 印张：6¾ 字数：161 千字
2021 年 8 月第一版 2024 年11月第二次印刷
定价：39.00 元
ISBN 978-7-112-25784-3
（37031）

目 录

献给 P、Z 和 E

“改变生活！”“改变社会！”脱离了对某种适当空间的生产，此类口号毫无意义……要改变生活……我们首先必须改变空间。

列斐伏尔《空间的生产》，第59、190页

建筑师们处于一种尤其尴尬的立场。作为应在特定框架内进行生产的科学家和技术人员，他们需要倚仗声名；而作为寻求灵感的艺术家以及对于用途和“用户”敏感的人员，他们又必须标新立异。建筑师们心甘情愿地将自己置于这一艰难的矛盾境地之中，并始终在两种身份之间疲于奔命。他们的艰巨任务是为产品与作品之间的鸿沟架设桥梁，而他们的宿命则是挺过因煞费苦心地试图弥合知识与创造力之间日渐扩大的裂缝而产生的冲突。

列斐伏尔《空间的生产》，第396页

形式主义鼓衰气竭的日子终会到来，而到时唯有将新内容注入形式，方能彻底摧毁形式主义并使创新之路显现出来。

列斐伏尔《空间的生产》，第145页

马克思被宣告死亡之日，即是马克思主义复兴之时。……现代世界的科技变革已使得对马克思主义的重新考量成为势在必行之举。这一论题的要旨如下所述：我们将再次提及并进一步发展马克思主义的所有概念，且在此过程中不忽视马克思主义理论作为一个整体所经历过的每一次重大转折。另一方面，如果在马克思本人的论述中对这些概念进行考察，则这些概念及其理论阐释的对象便不复存在。对空间进行全面考察能够最好地促进马克思主义概念的更新。

列斐伏尔《空间的生产》，第342–343页

丛书编者按

亚当·沙尔（Adam Sharr）

建筑师通常会从哲学界和理论界的思想家那里寻找设计思想或作品批评机制。然而对于建筑师和建筑专业的学生而言，在这些思想家的著作中进行这样的寻找并非易事。对原典的语境不甚了了而贸然阅读，很可能会使人茫然不知所措，而已有的导读性著作又极少详细探讨这些原典中与建筑有关的内容。这套新颖的丛书则以明晰、快速和准确地介绍那些曾讨论过建筑的重要思想家为目的，其中每本针对一位思想家在建筑方面的相关著述进行总结。丛书旨在阐明思想家的建筑观点在其全部研究成果中的位置、解释相关术语，以及为延伸阅读提供快速可查的指引。如果你觉得关于建筑的哲学和理论著作很难读，或仅是不知从何处开始读，那么本丛书将是你的必备指南。

"给建筑师的思想家读本"丛书的内容以建筑学为出发点，试图采用建筑学的解读方法，并以建筑专业读者为对象介绍各位思想家。每位思想家均有其与众不同的独特气质，于是丛书中每本的架构也相应地围绕着这种气质来进行组织。由于所探讨的均为杰出的思想家，因此所有此类简短的导读均只能涉及他们作品的一小部分，且丛书中每本的作者——均为建筑师和建筑批评家——各集中仅探讨一位在他们看来对于建筑设计与诠释意义最为重大的思想家，因此疏漏不可避免。关于每一位思想家，本丛书仅提供入门指引，并不盖棺论定，而我们希望这样能够鼓励进一步的阅读，也即激发读者的兴趣，去深入研究这些思想家的原典。

“给建筑师的思想家读本”丛书已被证明是极为成功的，探讨了多位人们耳熟能详，且对建筑设计、批评和评论产生了重要和独特影响的文化名人，他们分别是吉尔·德勒兹[①]、费利克斯·瓜塔里[②]、马丁·海德格尔[③]、露丝·伊里加雷[④]、霍米·巴巴[⑤]、莫里斯·梅洛-庞蒂[⑥]、沃尔特·本雅明[⑦]和皮埃尔·布迪厄。目前本丛书仍在扩充之中，将会更广泛地涉及为建筑师所关注的众多当代思想家。

亚当·沙尔目前是英国纽卡斯尔大学（University of Newcastle-upon-Tyne）建筑学院教授、亚当·沙尔建筑事务所（Adam Sharr Architects）首席建筑师，并与理查德·维斯顿（Richard Weston）共同担任剑桥大学出版社出版发行的专业期刊《建筑研究季刊》（*Architectural Research Quarterly*）的主编。他的著作有《建筑师解读海德格尔》（*Heidegger for Architects*）以及《阅读建筑与文化》

---

① 吉尔·德勒兹（Gilles Deleuze，1925-1995 年），法国著名哲学家、形而上主义者，其研究在哲学、文学、电影及艺术领域均产生了深远影响。——译者注

② 费利克斯·瓜塔里（Félix Guattari，1930-1992 年），法国精神治疗师、哲学家、符号学家，是精神分裂分析（schizoanalysis）和生态智慧（Ecosophy）理论的开创人。——译者注

③ 马丁·海德格尔（Martin Heidegger，1889-1976 年），德国著名哲学家，存在主义现象学（Existential Phenomenology）和解释哲学（Philosophical Hermeneutics）的代表人物。被广泛认为是欧洲最有影响力的哲学家之一。——译者注

④ 露丝·伊里加雷（Luce Irigaray，1930 年 -），比利时裔法国著名女权运动家、哲学家、语言学家、心理语言学家、精神分析学家、社会学家、文化理论家。——译者注

⑤ 霍米·巴巴（Homi·K. Bhabha，1949 年 -），美国著名文化理论家，现任哈佛大学英美语言文学教授及人文学科研究中心（Humanities Center）主任，其主要研究方向为后殖民主义。——译者注

⑥ 莫里斯·梅洛-庞蒂（Maurice Merleau-Ponty，1908-1961 年），法国著名现象学家，其著作涉及认知、艺术和政治等领域。——译者注

⑦ 沃尔特·本雅明（Walter Benjamin，1892-1940 年），德国著名哲学家、文化批评家，属于法兰克福学派。——译者注

（*Reading Architecture and Culture*）。此外，他还是《失控的质量：建筑测量标准》（*Quality out of Control*: *Standards for Measuring Architecture*）（Routledge，2010 年）和《原始性：建筑原创性的问题》（*Primitive*: *Original Matters in Architecture*）（Routledge，2006 年）二书的主编之一。

图表说明

第 1 章　导言

1. 列斐伏尔，1971 年 3 月 9 日摄于荷兰阿姆斯特丹。Bert Verhoeff/Anefo 拍摄，有裁切。荷兰海牙（The Hague），荷兰国家档案馆（National Archive）。第 4 页。
2. “替代性实践”（*Counter-Practice*），阿姆斯特丹孤儿院（1955–1960 年）。阿姆斯特尔芬镇，荷兰阿姆斯特丹（Amstelveensewes，Amsterdam）。阿尔多·凡·艾克设计。作者自摄。第 8 页。
3. 20 世纪 70 年代美国纽约的日常生活。作者自摄。第 16 页。

第 2 章　乌托邦与新浪漫主义

4. “染病之城？ 20 世纪 70 年代的伦敦”（*A Sick City？ London in the 1970s*），斯皮塔菲尔德教堂 [（Chvist Church Spitafields），1714–1729 年]，尼古拉斯·霍克斯莫尔（Nicholas Hawksmoor）设计。作者自摄。第 28 页。
5. 历史中心（*Centro Storico*，2000 年）：乌菲齐美术馆（1560–1581 年）边的活动。意大利佛罗伦萨，作者自摄。第 33 页。
6. “设计出来是为了空置？”（*Designed to be Empty？*）滑铁卢广场，英国纽卡斯尔。作者自摄。第 56 页。

第 3 章　空间的生产

7. “作为商品的城市：计算机模拟未来？”（*City as Commodity：Computer Simulation of the Fature？*）英国纽卡

斯尔，在建建筑的计算机生成图像。作者自摄。第 66 页。

8. “可无限复制”（*Infinitely Reproducible*）。第六大道，美国纽约。作者自摄。第 80 页。
9. 古罗马与 19 世纪罗马市的交叠（*Ancient Rome Intersects the Nineteenth Century City*）。西斯都桥 [（Ponte Sisto），1473-1479 年]。自特拉斯提弗列区面向台伯河与历史中心拍摄。意大利罗马，作者自摄。第 84 页。
10. “代表死亡的女性法则与代表生殖的男性法则之平衡”（*Chthonian Feminie Principles Canterbalance the Priapic Masculive Ones*）。古罗马广场（Foro Romano），意大利罗马。作者自摄。第 95 页。
11. 圣盖茨黑德音乐中心（1997-2004 年）。英国盖茨黑德。福斯特建筑事务所设计。作者自摄。第 99 页。

第 4 章　节奏分析与城市之时空

12. “日常生活的相应形式”（*Counterforms to Everyday Life*）。阿姆斯特丹孤儿院（1955-1960 年）。阿姆斯特尔芬镇，荷兰阿姆斯特丹。阿尔多·凡·艾克设计。作者自摄。第 107 页。
13. 乔治·蓬皮杜中心（1971-1977 年）。法国巴黎。皮亚诺和罗杰斯建筑事务所设计。作者自摄。第 125 页。
14. 温泉浴场（1996 年竣工）。瑞士瓦尔斯镇。彼得·卒姆托设计。作者自摄。第 137 页。

第 5 章　结论：另一种尺度？

15. “社区建构：人塔”（*Building Community: Human Tower*）（塔拉戈那叠罗汉大赛训练情况）。西班牙塔拉戈那。2012 年 7 月。作者自摄。第 146 页。

致谢

下述人士曾极尽良友之义，并与我展开多次讨论，深入探讨了许多我得以在本书中进一步发掘的（通常在讨论之前是我们均未涉及的）想法：Andrew Ballantyne，KatiBlom，Donald Dunham，Ufuk Ersoy，Michael Gardiner，Annette Giesecke，David Leatherbarrow，Ruth Levitas，Tom Moylan，Jonathan Powers，Joseph Rykwert，Lyman Tower Sargent，Adam Sharr，Adam Stock 和 Ed Wainwright。我曾参与的设计课教学、学术讨论会及专题学术报告也为我提供了无数与学生就本书涉及的许多想法进行进一步探索的机会。

我的孩子们对我不近人情的工作时间表现出了极大的耐心，为此，我一直感到对他们有所亏欠。我试图告诉自己这种牺牲在某种意义上是值得的，因为我相信此类工作对于守护一个他们愿意生活于其中——或能够继续尽可能畅想——的世界可以尽自己的一份绵薄之力。

最后，我的妻子伊丽莎白，感谢对我工作始终如一的支持和坚定不移的信赖，并且细致地审阅了我历次的稿件，并提出了许多建设性的意见，在此我对她致以最诚挚的谢意。

第 1 章

导言

当用来探讨社会意义上的“真实”（socially “real”）空间时，我们或许会不假思索地认为建筑以及与建筑相关的文本比其他文献更为有效。不幸的是，任何对建筑的定义都需以对空间的概念进行分析和论述为前提。[37]15

建筑师解读列斐伏尔

有赖于翻译和解释工作，尤其是其问世于 1974 年的杰作《空间的生产》在 1991 年英译本的出版，亨利·列斐伏尔（1901-1991 年）如今在英语世界已颇具声望，但其对空间的实际生产，对建筑和城市的影响相较之下鲜为人知（Lefebvre, 1991[1974]: 15）。尽管如今在各高校建筑、规划及城市设计专业均普遍地在阅读列斐伏尔，但他关于实践的教诲却少有人领会。这是因为英语圈在接触列斐伏尔的过程中，同时也排斥了他关于变革与复兴的两个最为重要也最具争议性的议题：浪漫主义和乌托邦。而此二者极具进步性（progressive），亦是与现代性的正面对峙。具体说来，尤其是它们二者在与工作、社区和空间的关联中揭示了社会正义与现代性之间的张力。

吊诡的是，这个时代对浪漫主义和乌托邦的反感使得将列斐伏尔的思想从理论研究对象向实践指导思想进行转变极为困难。在那些欲借鉴列斐伏尔之思想来理解并改变建筑与城市，却又弃浪漫主义与乌托邦而不论的尝试中，这一困难体现得最为淋漓尽致。尽管，乌托邦与浪漫主义在现在看来已不合时宜，但列斐伏尔的实践观和他阐明的研究方法却以此两者为依托，因为抛弃它们无异于断言除了脱离社会与政治外“别无出路”（there is no alternative）。寻求“不可能”也许最终会归于失败，却也是迈向“新的可能”的足下之始。对列斐伏尔进行思考即是对乌托邦进行思考，而借助对列斐伏尔的思考对乌托邦进行思考，就能接触到他对城市及其居民的相关问题的探索中最具革新意味的部分。

这个时代对浪漫主义和乌托邦的反感使得将列斐伏尔的思想从理论研究对象向实践指导思想进行转变极为困难，这点看似荒谬，却是事实。

本书旨在对列斐伏尔著作中与建筑（以及相关的规划和城市设计）理论及实践相关的部分进行简要梳理，且不回避他的乌托邦主义、浪漫主义以及作为其思想核心的马克思主义。本书的主要目标，是向建筑师和建筑专业学生以及规划与城市设计专业学生和从业者们展现，即使是在国家干预弱化、私有化和自由市场被视为通过经济增长而保障人类自由的新自由主义观念共识的今天，列斐伏尔的思想依然可为新型实践带来的那些切实的可能性。

此后的每个章节均会重点探讨列斐伏尔思想中的各主题，包括**空间的生产**、**表征（representation）**、**建筑实践**、**日常生活（everyday life）**，以及代表着时间（历史、社会进程）与空间（地理、建筑环境）——西方理论往往将两者割裂开来——之重新统一（reunification）的**城市与节奏（rhythms）**。这种行文方式的好处在于能够阐明列斐伏尔理论中那些最具进步性的部分，尤其可以展现其思想对于构想并创建配得上居住者的建筑和城市而所具有的经久不衰的价值。以此而论，本书采用的这一方法既是**诠释学的**（hermenertical），亦为现象学（phenomenological）的，或许还可以是具有**务实性的**（pragmatic）。诠释学之处在于，本书致力于以重构为目的、对列斐伏尔思想进行的机制性解读；现象学之处在于，本书通过对质化（qualitative）思维价值的明确肯定强调了造就人类心理和身份认同的经验和感官直觉；而务实之处则在于，既然对个体经验的考察必然发生于社会空间当中，那么真正（real）的社会、政治与建筑革新相关问题则均在于应如何基于对现实（real）状况的体验和观察而采取集体行动。本书运用的这种融汇了**诠释学、现象学**和**实用主义**的混合式研究方法，将理论与实践、空间与时间、内容与形式联结起来，以体认对具体替代性方案（alternative）的构想与实现，是怎样如列斐伏尔所相信的那样藏身于日常生活当中的。

大部分关于列斐伏尔的著作均旨在思辨地阐释其理论——即让这些理论更通俗易懂。本书亦不例外，但更进一步尝试了将列斐伏尔的思想转译为行动的可能性（我相信对此他应无异议）。这一任务难点有二：第一，既要使其思想能为建筑师所理解，亦要展示这些思想可能的实施（enact）方式，即其能够如何指导实践。第二点也是最主要的难点在于，在实现这种转译的同时，需避免将列斐伏尔的思想降格为某种简单粗暴的工具（blunt instrument），即也是要说明其如何能够影响实践的形塑与特征，而非将其简化为某种行动或生产机制。

建筑的难题

尝试以列斐伏尔的方法理解如何能够复兴建筑会产生一

3

列斐伏尔，1971 年 3 月 9 日摄于荷兰阿姆斯特丹

种自相矛盾的状况。他并非建筑师，而是社会学家，或者更宽泛地说是哲学家。为理解建筑而向列斐伏尔取经，看起来则像是一次“尚未求诸己，即出而求诸人”的尝试。而仅当建筑学——如很多论者试图证明的那样——本身并无独立学科之资格时，离建筑学而另寻出路才方可令人接受。但是，从建筑学的独立学科出发，提出问题并试图解决对于重新构想、反思和评估建筑而言，确实指明了诸多成果最为可期的

研究方向。只是实践中产生的所有问题也并非全然都能从建筑学学科内部——或仅依据本学科文献——而得到解决。况且向其他学科的思想家求助确可使我们获益良多，因为他们不受建筑职业习惯的束缚，进而可去寻求那些我们思虑不及的新出路。

5

对于在二战后城市面临的那些恶化（最初产生则更早）问题，建筑学传统思维的应对能力是有限的。同理，建筑在资本主义晚期——即自 20 世纪后半叶至 21 世纪早期——遭遇的困境也并非仅靠其自身就可以摆脱。关于这一困境，德国哲学家恩斯特·布洛赫[①]、意大利建筑史学家曼弗雷多·塔富里[②]及美国政治批评家弗雷德里克·詹姆森[③]等均已进行了详尽的描述；而早在 19 世纪，英国批评家约翰·拉斯金[④]及大约与其同期的社会改革论者威廉·莫里斯[⑤]曾有过先见之明。而用布洛赫的话说，该困境主要在于建筑本身已被资本主义的“空洞空间”（hollow space）完全吞噬，以至于“真正的建筑”（true architecture）（以及城市）无法产生。[4]190

可以说，这样的吞噬使建筑瘫痪，且也使其只能像强迫症患者那样，将异化效应反复施加于建成环境。这样的建筑在大体上不过是其本身文化虚无的精细展现，而其主要特征则为社交空虚（social emptiness），即仅重视娴熟的奇技淫巧、盲目的唯利是图和新异的丹楹刻桷，却普遍缺乏伦理追求。颇具讽刺意味的是，建筑（及建筑理论）的这种近乎沉疴难返的文化虚无，正是源自对乌托邦的拒斥，而这种拒斥在很多支持建筑学拥有独立学科地位的人士眼中，恰是应对主流现代主义建筑与城市规划之失败而必行的第一步。如果我们暂时放下乌托邦“一无是处”这一普遍观点，并对其潜在生成力（generative potential）进行重新评估则会发现，对于任何寻求改变现状出路的尝试，“乌托邦”均至关重要。以此而言，列斐伏尔能够跻身于20世纪最重要的建筑和城市思想家之列，正仰仗于他对乌托邦之价值的肯定。

6 如果我们暂时放下乌托邦“一无是处”这一普遍观点，并对其潜在生成力进行重新评估则会发现，对于任何寻求改变现状出路的尝试，“乌托邦”均至关重要。

乌托邦蕴含的潜力和其在建筑领域遭到的拒斥，恰恰暴露了建筑理论当前正行于一条无归之路的现实。建筑学的伦理使命，以及在学科内部发现问题并试图予以解答的可能性，已因20世纪60年代以来建筑师们变本加厉的反乌托邦倾向而愈发萎缩。我们若欲继续前行，明智之举则应效法列斐伏尔，拓宽我们的历史视野。而具体的拓宽方法则首先可以文艺复兴建筑师、建筑理论家莱昂·巴蒂斯塔·阿尔伯蒂（Leon Battista Alberti，1404-1472年）为例进行说明。阿尔伯蒂的专著《论建筑》(*On the Art of Building*)不仅为建筑师而作，也同样（如果不是更倾向于）针对委托人。贯穿该书的写作目标，是在城市的社会与建筑语境之内，构筑一种建筑师和客户均可追求的、正确的建筑实践观念。且与列斐伏尔的著作相似，该书的论述也得益于作者本人极为广博的学养。

然而，建筑界也有当代理论家或执业者可以展现列斐伏尔的研究对于建筑的价值，这其中就包括荷兰建筑师阿尔多·凡·艾克[6]和赫尔曼·赫茨博格[7]。前者尤其适合用来向建筑师阐释列斐伏尔的思想。

凡·艾克在建筑上采用的人类学方法和其相对性概念同列斐伏尔本人的方法颇为相似，在涉及如何扩展建筑实践和研究的“有限视野”这一问题时尤为如此。使他们成为同道中人的是凡·艾克对社会层面和日常两者——既是充满潜力的场所

(locus),也是制约可能性的现实条件——的无上重视,且两人也均肯定了此二者对于“空间生产”的重要性。而他们最为明确的接驳点则在于荷兰艺术家及建筑师:康斯坦特·尼乌文赫伊斯[⑧]。凡·艾克参与了使康斯坦特声名鹊起的实验性设计项目新巴比伦城[⑨],而列斐伏尔则通过艺术团体“眼镜蛇运动”[⑩]同情境主义者们(活动于1957-1972年由艺术家和学者组成的社会革命者团体,列斐伏尔曾是其中一员)[⑪]与康斯坦特相熟。正是如此,在一种非常实际的层面上,列斐伏尔的思想与建筑实践进行了亲密接触,尽管这里建筑实践的形式极为独特。[3][64]

作为一位对建筑师有所助益的思想家,列斐伏尔坚定不移地尝试将社会想象力归还于在政治上遭到阉割的(politically newtered)建筑——而这样的建筑无论是在习惯抑或是必要性上,都更倾向于为资本主义者的现实主义(capitalist realism)管控叙事(controlling narratives)马首是瞻,而此种尝试在思路上与乌托邦颇为相似。不仅如此,列斐伏尔的乌托邦主义,能够超越情境主义者(上已介绍)的孤注一掷与马克思主义(资本主义的最佳替代性体制)——基于列斐伏尔极为拥戴的卡尔·马克思的政治理论——在空间问题上的局限、法国后现代主义理论家让·鲍德里亚[⑫](列斐伏尔曾指导过其博士论文)或塔夫里(虽亦为马克思主义历史学家,所得结论却与列斐伏尔截然相反)的悲观主义,以及被全球资本主义(现在看似裹挟了一切的社会、政治和经济宰治体制)彻底吞噬的可怖前景,而提供一条切实可行的崭新出路。

下文将讨论列斐伏尔的替代性实践(counter-practices),相对于或循规蹈矩或标新立异的[如所谓新先锋(neo-avant-garde)]那些老生常谈的建筑实践而言,是

“另辟蹊径”。以此而论，比起康斯坦特的新巴比伦城，凡·艾克的建筑作为列斐伏尔关于空间、时间和城市思考的相应形式（counterform），更能清晰阐释这样的思考。无论是对于建筑创新还是城市创新，列斐伏尔的著作和凡·艾克的建筑（及其理论）如今依然蕴含着意在革故鼎新的弦外之音，尽管他们提出的那些替代性方案仍鲜少有人问津。

8

“替代性实践”：阿姆斯特丹孤儿院（1955-1960 年）[13]
阿姆斯特尔芬镇，荷兰阿姆斯特丹，1955-1960 年，阿尔多·凡·艾克设计

自其关于城市研究的代表著作译为英文以来，我们便开始用这些著作的标题——“城市权利”（*The Right to the City*）、“空间的生产”（*The Production of Space*）以及“对日常生活的批判”（*The Critique of Everyday Life*）——对我们所认知的列斐伏尔的全部核心概念进行概括，但真正将其研究的方方面面统合起来的，却是他对马克思主义的发扬和他的乌托邦主义。然而，本书的主要目标之一是试图理解列斐伏尔的当代建筑和城市研究如何能够指导实践，并以此帮助我们理解其

本人。以此而论，对列斐伏尔的琢磨推敲即是要致力于阐述一种**实践理论**（theory for practice）。这种理论必须足够具体，既能被用以构想作为建筑与城市创新之核心问题的（建筑的）**形式封闭**（formal closure）与（社群的）**社会进程**（social process）两者间的相互依存，也能够帮助个人和群体改造利用这些建筑与城市。[24] 在探讨列斐伏尔的研究成果中涉及建筑与城市的部分时，本书将重点放在成果的实际应用或至少是关联性上，从而突出其理论发现中那些实实在在的部分。

以此而论，对列斐伏尔的琢磨推敲即是要努力去阐述一种实践理论。这种理论必须足够具体，即能被用以构想作为建筑与城市创造之核心问题的（建筑的）形式封闭与（社群的）社会进程两者之间的相互依存。 9

看似荒谬的是，在资本主义的空洞空间中创造“真正”（true）建筑的**不可能性**，**恰可**成为，或至少阐明了此种创造的**可能性**。我们今日存身的空间已被市场全面侵蚀，而明日创造的空间（从构思、建成直到居住）亦将如此。考虑到这一现实，尝试讨论或展望出路看来不过是自取其辱，因为侵蚀了空间的那些力量注定了这样的尝试必将陷于体制——国家政权和资本主义——纤毫无遗的裹挟之中，并最终在此等力量的威压下不战而溃[这里的所谓“纤毫无遗”是种形象的说法，其意涵来自英国社会理论家杰里米·边沁⑭所设计的监狱，他将其称之为“环形监狱”（Panopticon）。这种监狱最突出的特征是将囚室围绕单一观察点作环形排列，由此一个狱警就可以同时对所有服刑人员进行监控。该设计的另一创新之处在于，警卫室采用的遮挡方式使得狱警可以监控服刑人员，而后者却无法看到前者。边沁相信这种配置可以使服刑人员内化（internalize）狱警无所不见的全方位监视所代表的刑罚体制，从而自动改过自新。这里“体制纤毫无遗的威压”等云云，意指由社会、政治与经济组织组成的宰治体制（dominant system）所施加的“普天之下莫非王土”式的管控，以及个体被驱使着通过服从于这种管控而对宰治体制的**遍在性**（omnipresence）内化]。

由于日常生活，包括工作、有组织消费活动及它们所进行于其中的空间皆处于其他力量的宰治之下，而这种力量又经常显得无所不包，于是对出路的探寻似乎难如登天。继而，无论是我们体会到的对现状无能为力的绝对感，还是寻找出路必将失败的命定感，都恰恰在为宰治体制的目的服务。如果我们真的相信**“已然”**（what is）已无法反抗、逃避或改变，那么对于**“使然”**（given）也只能逆来顺受[15]。倘若如此，那么唯有对现实俯首帖耳，或是妄想于某种遥远的、几无可能发生的革命，才能望梅止渴式地满足我们对能动性（agency）或解放（liberation）的追求。然而，在列斐伏尔看来，也正是从日常的图景中，变革才会或至少可能会发生。但在此之前，必须先对日常生活进行持久的批判，既要揭露日常生活与支配着它的那些力量的同流合污，亦要发现其中尚未被世界宰治体制所发现和触及的部分。事实上，对于所谓“无所不包”（totality）的鼓吹——无论是来自宰治体制内部（宣称**别无出路**）还是边缘（在虚伪地反对宰治体制的同时循循善诱地主张，“与其构想替代方案倒不如**构想世界末日更简单**”）——均是在掩饰在看似巨大且不可动摇的**“已然”**中无可避免将会出现的那些裂隙（cracks）。以此而论，如果说布洛赫是**“希望哲人”**（philosopher of hope），那么列斐伏尔就是以**“裂隙哲人”**（philosopher of cracks）**的身份**而成名的。

无论是对**“使然”**的社会、经济、政治或习惯现实，还是形塑并维持这种现实的那些力量，列斐伏尔均未回避与之的正面对抗，相反，他还认识到了这些力量正是使这种现实看似无所不包并百世不替的帮凶。以此而论，实践（包括建筑、社会、文化和政治实践）永无望实现自主（autonomous），而是始终受到各种体制制约的，因为这些体制至少部分产生了那些构想和实现了正能够“再生产”（reproduce）这些体制之实践的意识。显而易见，就像其他社会活动一样，建筑和城市研究与实践的命运也同样取决于这样的过程。在体制提供的环境中，人们会通过习惯和社会仪式等形式的反复演练，终将该体制于意识之中自然化（naturalize）。于是在时机未成熟时，对任何新的可能性得以从中成形的突破口的寻求均将看似是徒劳无功的。但是，与塔夫里、詹姆森等持完全封闭（total closure）论调的理论家不同，列斐伏尔相信，世界体制其实并不如其表象那样无懈可击。

11

然而，尽管列斐伏尔坚信通过他对日常生活的批判可以找到那些尚未被体制全面侵蚀的世外桃源，但他也明白建筑师尤为仰赖体制所施与的雨露膏沐。因此，要持之以恒地对“已然”进行批判，以切实寻找可能的出路而非只是标新立异，建筑师相比于其他门类的艺术家和专业人士更为“先天不足”。事实上，列斐伏尔开辟了一条使构想这样一种环境成为可能的道路：此种环境既尊重人之存在的复杂性，亦提供了看似不可能的出路得以产生的社会空间。

列斐伏尔与建筑

本书第 2 章旨在对列斐伏尔的著作进行概览。这一概览无意面面俱到，而是意在着重介绍他对浪漫主义与乌托邦的修正中与建筑相关的部分。这主要出于两层考虑：首先，如此能够突出浪漫主义与乌托邦在其思想中占据的重要地位；其次，由此可阐明他对两者的发扬提出了怎样具替代性的建筑和城市设计实践方法，而列斐伏尔对建筑师的空间的概念化的表现习惯的批判，则尤其应作为此等方法的基础。

第 3 章的关注点则转向《空间的生产》，这或许是列斐伏尔价值最高、影响最大的著作。在该书中，列斐伏尔构建了一种空间史，展示了空间成为国家资本主义和全球化大环境中的一种产品并失去社会生活环境之价值的过程。

细致解读《空间的生产》对于本书而言至关重要，这既是因为自其问世以来该书对所谓激进地理学[16]发展的贡献巨大，也由于其能深化建筑问题概念化的相关性。然而，建筑师对社会和政治问题普遍缺乏兴趣，这便导致了新自由主义消费空间在当下和可预见之将来的反复再生产。1974 年《空间的生产》付梓之时，列斐伏尔已年逾古稀，该书正是他关于现代性和现代城市问题的集大成之作，而这一学术生涯恰好与共产主义在俄国的盛衰——自 1917 年“十月革命”，到 1989 年柏林墙倒塌，再到 1991 年苏联解体，仅在此前半年列斐伏尔逝世——桴鼓相应。

纵观列斐伏尔的一生及其研究领域与成果，他所留下的不仅是对 20 世纪的描绘，也是对 21 世纪的启示。在整个学术生涯中，列斐伏尔从未停止对马克思主义——更精确地说是马克思为批判资本主义乃至全球化而对社会关系进行的概念化所具有的经久不衰的价值——的再思考。然而，马克思的作品定型于其思想产生的历史时期，对于列斐伏尔而言并非十全十美，这尤其是在于前者并未论及城市与空间问题，而使得后者需要拓展前者的思想。从此出发并对西方建筑文化进行观察，我们可以说建筑教育和实践中最明显的缺憾，即是在面对困扰我们这个时代之建筑的那些看似难解的痼疾——

也即人们常说的意义危机、意识形态危机或在全球资本主义裹挟下建筑寻求出路之（不）可能等——时，拒绝向马克思寻求良方。

我们可以说建筑教育和实践中最明显的缺憾，即是在面对困扰我们这个时代之建筑的那些看似难解的痼疾——常被描述为意义危机、意识形态危机或在全球资本主义裹挟下建筑创作的（不）可能性等——时，拒绝向马克思寻求良方。

他人的著作偶尔也会为马克思主义的洪流开辟泽及建筑的支脉，比如塔夫里以《建筑与乌托邦：设计与资本主义发展》[66]（首次出版于1973年）为代表的著述、肯尼思·弗兰姆普敦⑰的《现代建筑：一部批判的历史》[20]（首次出版于1980年），以及地理学家戴维·哈维⑱分别出版于2000年和2012年的《希望的空间》[24]与《叛逆的城市》[23]——这两部作品与马克思主义的联系不是那么的直接。这些作品在多种层面上都可以看作是对列斐伏尔和马克思的致敬。詹姆森在解读后现代背景中的建筑时，详细剖析了马克思主义和乌托邦思想的交汇，其中也体现了列斐伏尔的影响。法兰克福学派⑲则借由其本身对理论的影响使马克思主义与建筑间接发生关联，这里的代表人物包括沃尔特·本雅明、西奥多·阿多尔诺⑳和恩斯特·布洛赫等。而且每当我们将这些作者（也包括列斐伏尔）的名字列入书单，或在探讨如何在概念化某个设计方案时引及他们时，十有八九是在运用他们思想中属于马克思主义（且几乎总是伴随着具有乌托邦理论意味）的部分。

本书，将在第4章（也是总结前的最后一章）详细解读《节奏分析：空间、时间和日常生活》[31]这部列斐伏尔的遗作。此书于2004年问世的英译版收录了他在该问题上的一

13

系列著述，包括首次出版于 1992 年（他去世之翌年）的、篇幅较长的《节奏分析元素：节奏知识引论》[30]，以及他与最后一任妻子凯瑟琳·雷居利那（Catherine Régulier）合作完成并发表于 1985-1987 年间的一些短文。作为列斐伏尔的最后一部作品，该书既标志着其学术生涯的功成圆满，也是其研究的集大成之作：该书明白晓畅地勾勒出了这样一种方法，能帮助我们清晰地体认（理应）作为建筑师关注与设计对象的、包含了全部时间与空间之丰富内涵的以及人所居住的城市与体验的社会生活。同时，《节奏分析要素》也是对列斐伏尔在《空间的生产》中苦心经营的那套分析方法的最终析肌辟里与明本推宗。正因如此，就像列斐伏尔较早的作品一样，该书对于建筑师而言，同样怀珠韫玉且助益颇多。

对于本书中所选择涉及以及略过的列斐伏尔的研究成果，他的资深读者大概会在诸多地方与我意见相左。但至少就本书而论，我的目的在于尝试对列斐伏尔的理念进行概览，并同时避免过于粗暴地简化这些理念。简化论（reductionism）所背叛的，不仅是列斐伏尔思想的基调，还有其本人的信念，因为在他看来，资本主义的许多罪状当中，“简化论”可谓是流毒最为深广的。也正因如此，为试图避免肤浅地挪用或俗滥地商品化列斐伏尔的思想，我决定少而精，而非多而浅地介绍他的著作，因为如此才更忠实于他的精神。毕竟列斐伏尔的著作有 60 余部之多，而以本书之篇幅，只够详攻经过精心挑选的数点。

这里还牵涉到另一个问题，那就是如何展示列斐伏尔对于建筑师的价值。尝试完成这一任务面临将列斐伏尔的思想工具化的风险，即将其描述成一把“锤子”（a hammer），而因这些思想更具有生成力，则更应像是“杠杆”（a lever）。在建筑圈内尝试应用圈外理论时，工具化的陷阱甚为普遍，并且在探讨设计和实践时尤为如此。

营利的必要性（business necessity）限制了执业者们进行社会与政治构想的能力。当下建成的大多数建筑说到底不过是对**别无出路**——即体制之外没有未来的反复证明。即使是那些所谓的激进建筑、批判性建筑以及先锋或新先锋建筑作品，它们的成就也只是证实了建筑工业（building industry）已被全球资本主义的空洞空间完全裹挟的现状。诚然，当下看似无所不包的这套社会、经济和政治体制看上去如此绝对，以至于出路似无处可寻（塔夫里即如此认为）。然而，这一悲观主义论调也恰为必要且具有生成力的第一步：承认体制在表象上具有的这种“普天之下莫非王土”的性质，会愈发使我们渴望出路。这一悖论被列斐伏尔描述为一种“可能的不可能”（possible impossible），其只有在我们将一时之处境视作永恒时，才会显得遥不可及。

列斐伏尔认为，冲破这种看似不可能之处境的主要手段之一，就是向过去求取现在可行的出路，以及于现在寻找能通往崭新未来的尝试性突破口。过去与现在交汇的最主要场所，即为日常。对日常进行批判，亦可揭示那些能够激发想象力的反抗与颠覆的精妙形式。不过，无论是哪种替代性方案，或都会看似已屈从于它表面上所反抗的体制（甚至产生这些方案的可能性都被当作体制之天恩浩荡的证明），然而如果事实是，只有这种深沉的绝望才足以激发想象力，并使我们能够超越体制之制限构想可能性，我们又应如何？

建筑之思其所思[21]

本书所属的《给建筑师的思想家读本》丛书传达了两层

20 世纪 70 年代美国纽约的日常生活

意思，颇值得我们加以（尤其与列斐伏尔的研究成果一并）赏玩。第一，作为一门学科的建筑学有其自身的认知逻辑，故本丛书名为“给建筑师的思想家读本”，而非“思想家读本”或“给任何人 / 所有人的思想家读本”；第二，建筑学对于自身的学科地位缺乏自信，这导致了作为本丛书特色的向外取经即使并非势在必行，也难以避免。这两层意思中隐含的最令人不安的信息是：建筑学尽管仍被认为是独立学科，其“思其所思”（thinking its own thoughts），尤其是基于本学科（理论）文献和实践传统的“思其所思”却颇为困难。诡异的是，困难或无能为力之思其所思，在 20 世纪 70 年代以来愈发显著，而这段时间却正是所谓建筑学“理论爆炸”（theory boom）的时期。

16 这里的悖论之一，是《给建筑师的思想家读本》为建筑师，或为与建筑师一起思建筑之所思，但这种思考却要从建筑学之外进行；悖论之二，则是“建筑的理论爆炸”与其“历史文献影响力的衰退”之间的反变关系。这两项悖论突出呈现了塔夫里所曾描述的建筑文化危机。他也指出，这一危机发展下去可能出现两种结果：第一，建筑将失去作为独立学科的资格；第二，建筑将在关于历史和传统的所有层面上再无影响力。

然而，此处隐含着另一个悖论：若如今建筑学向圈外思想家取经方能思其所思，那么这可能在真正意义上预示着学科复兴的到来。很大程度上这是由于建筑师们已大体忘记了如何在学科内作为建筑师思考，或放弃了如此思考的可能，于是便需要非建筑师的协助来回忆如何为自己思考。以此而论，强求非建筑师为建筑师思考，初看固有悲观主义或自我否定的意味，但事实上未必如此。本书的目的即在于使**列斐伏尔面向建筑师发声**，那么为此就需展示列斐伏尔如何能**像建筑师一般发声**，或至少展示如何将其重塑为一位既能思其所思，也能超越建筑学的危机来思考的建筑思想家。然而这样的危机固是源于资本主义的大势所迫，却也因学科自信的普遍缺乏（危机的症状之一）而雪上加霜。

本书的目的即在于使列斐伏尔面向建筑师发声，那么为此就需展示列斐伏尔如何能像建筑师一般发声，或至少展示如何将其重塑为一位既能思其所思，也能超越建筑学的危机来思考的建筑思想家。然而这样危机固是源于资本主义的大势所迫，却也因学科自信的普遍缺乏（危机的症状之一）而雪上加霜。

在此后的章节中，我将向各位建筑师介绍这位能够帮助他们独立地思其所思的列斐伏尔。为此，必须首先明确列斐伏尔也隶属建筑学，且并未被地理学、社会学和文化理论等学科所垄断。但对于来自这些对建筑至关重要之学科的

17

思想家，非但不可疏远，反倒最好保持他们对建筑的兴趣。因此对列斐伏尔进行翻译（translation）势在必行，解读（interpretation）与转置（transposition）亦不可或缺。在大多数研究中，列斐伏尔是在像社会学家一般发声，或被解读为在向社会学家和地理学家发声，而非像建筑师一般或面向建筑师发声。尽管建筑师们自身的认知和实践方法始终都因虚心接受了许多学科的影响而得以更新和巩固，正如列斐伏尔的方法也因接受许多影响而得以丰富一样。看似荒谬却有道理的是，必须经历这一过程，建筑师们或才方能开始想象自己如何能够（重新）思其所思。

译者注释

① 恩斯特·布洛赫 (Ernst Bloch, 1885-1977 年)，德国著名马克思主义哲学家，其主要理论包括人道社会主义、乌托邦主义等。

② 曼弗雷多·塔富里 (Manfredo Tafuri, 1935-1995 年)，意大利建筑师、建筑史家、理论家及批评家，为 20 世纪后半叶全球最重要的建筑史学家和理论家之一。

③ 弗雷德里克·詹姆森 (Frederic Jameson, 1934 年 -)，美国马克思主义文学批评家、政治理论家，主要研究方向为当代文化潮流分析及后现代、资本主义研究等。现为美国杜克大学教授。

④ 约翰·拉斯金 (John Ruskin，1819-1900 年)，英国维多利亚时代作家、艺术批评家、画家、社会思想家。其作品涉及地质、建筑、文学、教育、神话、政治经济、鸟类、植物等多个领域，其关于建筑的最著名的作品包括《威尼斯之石》(The Stones of Venice) (1851-1853 年) 和《建筑七灯》(The Seven Lamps of Architecture，1849 年) 等。

⑤ 威廉·莫里斯 (William Morris, 1834-1896 年)，英国衣料设计师、诗人、小说家、翻译家、社会活动家。英国艺术与工艺美术运动的领导人之一。

⑥ 阿尔多·凡·艾克 (Aldo van Eyck, 1918-1999 年)，荷兰建筑师，建筑结构主义运动的代表人物之一。

⑦ 赫尔曼·赫茨博格 (Herman Hertzberger, 1932 年 -)，荷兰建筑师，建筑结构主义运动的代表人物之一，现为荷兰代尔夫特理工大学 (Technische Universiteit Delft) 退休教授。

⑧ 康斯坦特·尼乌文赫伊斯 (Constant Nieuwenhuys, 1920-2005 年)，常作康斯坦特 (Constant)，荷兰画家、雕塑艺术家、建筑师、平面设计师、作家、音乐家。情境主义艺术代表人物之一。

⑨ 新巴比伦城 (New Babylon)，康斯坦特于 1959-1974 年间进行的反资本主义实验性城市设计项目，其旨在探求如何以建筑来构建激发充满游戏性、趣味性、创造性之日常生活体验的城市空间。

⑩ 眼镜蛇运动 (COpenhagen, BRussels, Amsterdam, COBRA)，欧洲实验性先锋艺术运动团体，其名称为哥本哈根、布鲁塞尔、阿姆斯特丹三市字母缩写而成。该团体由比利时诗人、画家克里斯蒂安·多特蒙德 (Christian Dotremont, 1922-1979 年) 等于 1948 年发起，旨在反抗抽象主义、自然主义等艺术传统，而打破色彩与形式等的传统束缚。该团体于 1951 年即告解散。

⑪ 情境主义者 (Situationists)，官方名称为情境主义国际 (Situationist International, SI)，成立于 1957 年，解散于 1972 年，为在政治上支持马克思主义，艺术上崇奉达达主义和超现实主义的左翼国际组织。该团体的活动对欧洲现、当代先锋艺术及后现代哲学、社会学思潮均有深刻影响。

⑫ 让·鲍德里亚 (Jean Baudrillard, 1929-2007 年)，法国社会学家、哲学家、文化理论家、政治评论家、摄影师。为后现代主义、后结构主义学者，其最著名的著作主要关于其对媒体、当代文化和技术交流的分析研究。

⑬ 阿姆斯特丹孤儿院 (Amsterdam Orphanage, 或荷兰语 :Burgerweeshuis)，是由阿尔多·凡·艾克设计，并于 1960 年竣工的孤儿院，位于荷兰阿姆斯特

丹南郊的阿姆斯特尔芬镇。

⑭ 杰里米·边沁（Jeremy Bentham, 1747-1832年），英国哲学家、法理学家、社会变革家，现代功利主义的奠基人。下文提及的“环形监狱”概念为其于19世纪80年代提出。

⑮ 已然、当然：“what is”一词一般指事物实际存在的本来真实面貌，在此处的行文中大致指已然发生的情况（如日常生活为宰治体制所裹挟）。而“given”在形式逻辑中指虽未证明但视作理所当然的命题（公理），在语言学和概率论中均指预先假定的某种给定的前提，在此处的行文中大致指假定为真但未必如此的情况（如个体因对宰治阶级的掌控进行内化而形成的观念）。

⑯ 激进地理学（radical geography），20世纪70年代早期兴起的地理学学派。其对地理学此前大量运用的定量分析研究方法进行批判，并引入马克思主义分析方法，以求实现地理学的理论转向，从而使其能够应对人权、环境污染、战争等时代问题。

⑰ 肯尼思·弗兰姆普敦（Kenneth Frampton, 1930年-），英国建筑史学家、建筑理论家及批评家，为现代主义建筑史研究的代表人物之一。

⑱ 戴维·哈维（David W. Harvey, 1935年-），当代英国马克思主义人类学家、地理学家，现任教于美国纽约城市大学（City University of New York）。

⑲ 法兰克福学派（Frankfurter Schule），20世纪西方社会理论及批评哲学学派，以1923年成立的法兰克福大学（Johann Wolfgang Goethe-Universität Frankfurt am Main）社会研究中心（Institut für Sozialforschung）为大本营，由哲学家、社会科学学者、政治批评家等组成。其主要研究旨趣在于通过批评理论探询社会和国家的发展方向，其理论则主要受到康德、黑格尔、马克思、弗洛伊德及韦伯等人的影响。

⑳ 西奥多·阿多尔诺（Theodor W. Adorno, 1903-1969年），20世纪德国哲学家、社会学家、心理学家及作曲家，其主要研究成果包括社会及美学的批评理论等。

㉑ 思其所思（thinking its own thoughts），原文在这里使用了以thinking（思考）和thought（思想）同根词反复（Polyptoton）的修辞手法，中文为简洁之故直译为“思其所思”。该词组意义则为“对其自身想法、观念进行理论建构与表达”。

乌托邦与新浪漫主义

> 我对作为方法之乌托邦的内容进行的阐释，意在支持并鼓励将乌托邦作为一种产生思想与知识的正当且有益的方式。作为“方法”的乌托邦既不是也不能是某种蓝图。对乌托邦的构想必须是暂定的（provisional）、自反的（reflexive）和对话式的（dialogic）。……乌托邦式的出路意味着要去思考我们欲前往何处及如何前往。但若我们明白心系的将来不过是基于我们所认知的现在（what might be）而进行的推演（indicative projection），那么也该明白其必定受到了此等推演所自而出的现实条件①的影响。社会想象（social imaginary）——包括其描绘的未来图景——只能是特定社会产生的想象。[51]218-219

作为可能性之前瞻的乌托邦

我们这个时代的确看似除接受现状之外别无出路可寻，而构想现实可行之事以外的可能性尤为困难。但正如本章下文所述，列斐伏尔却提醒我们，超越现实条件去进行探索只是看似无可想，并始终告诫我们随波逐流带来的甜头不过是海市蜃楼。全球资本主义对世界的宰治愈发牢固，理性与量化思维模式也随之日益根深蒂固，而说到底也正是这两者共同束缚了我们探求其他可能性的眼界。尽管对这种束缚的服从看似是理性来之不易的胜利，但若这场胜利扼杀了希望与进取心，则可谓毫无意义。就算超越现状的求索终将受挫，但以放弃乌托邦的追求来**逃避**（free）难免的失望却很可能会使未来失去前进的方向。在我们周围，听天由命带来的暗淡景象随处可见：建成环境似已沉疴难起，社会不公变本加厉、教育市场化、公民沦为消费者等等。列斐伏尔始终在重点批判这些颓势，而这些颓势或可被最精当地概括为一种哲学体系：实证主义（positivism）。实证主义仅承认科学解释以及逻辑或数学证据，并由此拒斥科学、逻辑和数学说明不了的东西，比如乌托邦和浪漫主义。乌托邦并非“万灵金丹”，但若抛弃乌托邦思想，那么“将来”便会显得暧昧不明；而若脱离过去，乌托邦也将不过是纸上谈兵。

19

建筑设计往往并非仅是预估与配合用户的生活方式，而是须连居住者也一并设计，唯此，其设计方能如期发挥功用。在建筑界和现代世界中，我们对此已习以为常，例外也愈发罕见。而这一现象的根源，正是与20世纪建筑之发展轨迹桴鼓相应的“实证主义”之兴衰浮沉。曾有不少人，如建筑史家、国际现代建筑协会②秘书长西格弗里德·吉迪恩③等都详尽描绘过的那些现代主义建筑和城市的美丽新世界[22]，而当中除某些劣化形式外极少真正成为现实。现代主义建筑和城市设计的那些画饼充饥的许诺、痴人说梦的希望和不切实际的失败，正是列斐伏尔许多著作的重点“观照”对象。

以勒·柯布西耶（基本笼统地）和国际现代建筑协会（在某种程度上更为精确）为代表的所谓的现代乌托邦建筑，在20世纪40年代末已成为大多数政府、机构、企业和城市的官方建筑风格。[8][11][15][16][22]696-706 如此的飞黄腾达，却反映了那些曾于20世纪上半叶被公认为富于反抗精神而可以实现的乌托邦建筑基本无法感动人心。这样的结果对于一种大体构筑在以约翰·拉斯金、威廉·莫里斯等人为代表的许多19世纪基督教乌托邦者④，以及乌托邦社会主义者的变革愿景上的理想[14][16]而言，着实令人失望。然而，这一惨淡下场与其说是在昭示乌托邦已然万劫不复，倒不如说正为19世纪的乌托邦社会主义和浪漫主义提供了兑现承诺进而将现代性从“千夫所指之窘境”拯救出来的机会。而正是以这一看似荒谬的观念为基础，列斐伏尔构筑了其关于建筑和城市的积极的“乌托邦式前瞻”，并同时力求洗刷乌托邦和浪漫主义的污名。

接下来，我将逆大多数建筑师（及圈外人士）视乌托邦为“大逆不道”的当代语境而动，探讨列斐伏尔所许下之乌托邦承诺的发展轨迹。为了能够充分领会列斐伏尔那种辩证且具有实验性的乌托邦思想的丰富内涵，必须首先介绍他对过去——即对浪漫主义——的探究，并说明此类探究为何是他对方法之乌托邦概念的发展做出重要贡献的关键［“辩证的”指的是这样一种分析调查方法：其最主要特征是将看似不相容的（相反的与相斥的）概念纳入考量，从而试图揭示对此类概念的误解并试图化解矛盾，而在此过程中，既可调和，亦不否认原有矛盾的新的且更为稳健的概念或可产生］。 20

为了能够充分领会列斐伏尔那种辩证和实验性的乌托邦思想的丰富内涵，必须首先介绍他对过去——也即对浪漫主义的探究。

浪漫主义与乌托邦

列斐伏尔的思想，可以说与以拉斯金和莫里斯为代表的19世纪英国乌托邦者和基督教社会主义者们的改革与批判愿景相契合。清楚认识到列斐伏尔与这些前人的联系，可以揭示前者的研究正是对后者的继承与发扬。[16][20] 拉斯金与莫里斯对建筑和城市的关注程度，很明显并不逊于社会和艺术改革。他们的著述将城市的组织结构和外观与城市或可促进并维持的生活方式极为紧密地联系了起来。列斐伏尔与这两位思想家的最为相似之处，正是对审美与伦理，也即生产条件与产品之间的这种难分难解之关系的体认与阐发。

21 将列斐伏尔与拉斯金和莫里斯进行勾连也使得浪漫主义与乌托邦的接合更为清晰可见。前者是抽离出来，从前现代视角批判现代；而后者在观念上可以看作是对某种“遥远理想”（Not Yet）或言可能之不可能的境遇的期许，而这样的理想或境遇需立足于当下对变革的努力追求，方可在未来某时实现[53]1–56, 222–225; [62]73：

> 法国马克思主义在历史上曾出现过的那些形形色色的流派与分支，在萌生之初即带有蠢蠢欲动且挥之不去的实证主义印记，而与它们相比，同属于法国马克思主义的列斐伏尔理论原创性——且尤其是独特性——的源头之一，即是其与浪漫主义的紧密联系。列斐伏尔的思想因直面浪漫主义而得以日趋丰富，而这一立场在其全部学术探索中，可谓一以贯之。[53]223

作为一位倡导革新与进步的思想家，列斐伏尔却曾将目光投向过去。他所关注的“过去”即便称不上黄金时代，却至少也是前现代和前工业化的，也因此即是前资本主义的生产及个人与社会生活的组织形式，以及此类形式在城市形态与特色中的反映。只有盲信进步之人，才会对他的这一思路感到惊讶。

列斐伏尔对过去的回望，既非倒退，亦非反动，同时也并非要求否定工业进步和现代性，而是为确保他对可能之出路及其实现方式的构想可以建立在过去的成就这一坚实基础之上。而正因为此，在他的作品中，古往与将来浑然一体，密不可分：

"他旨在超越旧浪漫主义的局限并为一种以未来为导向的革命性新浪漫主义奠定坚实的基础。"[53]223 而将乌托邦引入浪漫主义则使得列斐伏尔既可基于过去的经验探寻出路，又不致陷入无谓要求回到过去的非理性感伤。值得注意的是，尽管城市研究在列斐伏尔理论中最为知名，他早年的工作却立足乡村，从社会学角度研究了乡村地区中由前资本主义向资本主义的生产方式转型，以及这一转型对社区生活（community life）造成的负面影响。在他的一生中，列斐伏尔始终保有对城乡关系的兴趣。而在关注重心由乡村转向城市后，他也依然在从前资本主义乡村背景下的社会和空间组织结构中寻找武器，并以此批判资本主义空间。 22

尽管**浪漫主义**和**乌托邦**这两个词通常象征着对某种看似既遥不可及亦不合时宜之出路的病态迷恋，但这两者在列斐伏尔思想中的交汇却催生了他针对现代主义之涉及广泛且影响深远的社会批判。他以此提出了用一种特定的后现代主义克服现代主义的具体可能性，并保证这种后现代主义将带来既能够更为积极地回应人们的诉求，也更加公平公正的社会环境。以此而论，相比于20世纪80年代以来主导了城市改造的那种崇奉历史主义式舍本逐末（historicist trifles）的风格化后现代建筑，列斐伏尔的后现代（也即自现代之中且晚于现代产生）带来的可能性既更切实可行，也更能打破枷锁。而且，其也可以避免陷入另一种老生常谈：若要克服那套因过度相信现代性而产生的无所不包的解读现实的方法（或言宏观叙事），我们难免最终发现，唯有彻底的主观主义和极端的，甚至几乎是僵化的相对主义方为可行出路。

与那些玩弄过去之虚假图景或沉湎于当下之潮流的后现代不同，列斐伏尔理论所阐述的后现代不会随着现代性的衰退而油尽灯枯。在他笔下，乌托邦和浪漫主义的交融为我们提供了一条能够逃离危机四伏且山穷水尽之当下的出路。通过为我们指引能够在既受到规限亦施加规限（limited and limiting）的资本主义视角，以及这种视角对个人与社会生活及作为生活环境的城市所造成的束缚，之外构想出路的方向，列斐伏尔那种整体性的，既是乌托邦同时也是浪漫主义的，批判方法有力地揭示了社会形态与建筑形式之间的关系以及孕育了二者的经济和空间条件。

社会与空间安排（arrangement）既在被动反映，也在主动表达特定体制，尽管建筑师们并不关注这一层面。体制及社会与空间安排之间的关系难免会影响社会关系与空间关系在家庭与城市层级上所体现出的具体形态。以此而论，现代城市既然在以其透明性和异化效应助长资本主义生产与消费，那么无论是怎样的川流熙攘与灯红酒绿，都掩盖不了前者不过是一套反映后者之框架的事实。正因如此，列斐伏尔认为实质性的社会变革也必然需要相应的空间变革。然而，社会和空间固不可分，而唯有对二者的组织者，即体制进行彻底批判，真正的社会和空间变革才得以发生。将作为由外显的社会与空间现实构成的上层建筑之基础的环境（matrix）[或言下层建筑（substructure）或基础结构（infrastructure）]暴露出来，正是改变现状的足下之始，尽管迈向这一目标的前路实可谓荆棘满布的千里之行。

23

正因如此，列斐伏尔认为，实质性的社会变革必然需要相应的空间变革。然而，社会和空间固不可分，而唯有对二者的组织者——体制进行彻底批判，真正的社会和空间变革方得以发生。

关于城市及其延伸地带[即外围市区（outskirts）和

> 郊区（suburbs）]，我们常能听到“空间病理”（pathology of space）或者“致病社区”（ailing neighborhoods）之类说法。使经常使用此类措辞的人——建筑师、城市设计师（urbanist）和规划师——可以更理所当然地自诩为“空间医生”（doctors of space）。这将助长某些故弄玄虚观念的蔓延，且此类观念中有一种尤甚：即造成了现代城市之现状的非资本主义或新资本主义（neocapitalist）体制，而是社会的某种所谓“疾病”（sickness）。此类表述的作用是将人们的注意力从空间批判移开，并转向一种不甚理性且极为反动的认知模式（schemata）。按照此种逻辑推导下去，整个社会以及作为社会存在的“人”均可被视作自然的“疾病”。[37]99

这样的注意力转移策略，几乎是改造城市之所有尝试的指导原则。城市被概念化为使社会染恙的带病组织，就必然意味着只有彻底的手术才能治愈城市并保护市民。说到底，这种思想成功阻止了我们直面潜藏的组织体制，而这些体制正是城市与社会之外显症状的病根。以进步、经济发展甚或貌似必需之事（治愈城市）为名选择性地成片拆毁城市的诡异习惯，正是资本主义追求永无停歇的行动与变化，以及由此导致的异化之天性的反映。而若无此三者，资本主义只能瘫痪乃至消亡。[24] 24

此类自上而下强行推进的、彻底改造城市物质特征的城市手术（urban surgery）本旨在带来革新，但事实上却使革新愈为镜花水月。但若说大部分当代建筑和改造过的城市均已沦为异化工具，我们却不能粗暴地将此归咎于建筑教育具有可悲缺陷、建筑专业在读或毕业学生昏聩无能、甚至（公共或私人）客户庸俗不堪，或本有义务确保新开发项目符合

“染病之城？ 20 世纪 70 年代的伦敦”
斯皮塔菲尔德教堂（1714-1729 年），尼古拉斯·霍克斯莫尔设计

25 质量标准并能造福社会的权威部门腐败透顶等等。事实是，由于我们均生长于特定宰治体制的环境之中并受之潜移默化，因此能构想怎样的可能性大体上取决于我们所身处之社会状况所产生的意识。以此而论，我们想象到的东西，只能是在现实条件下能够想象及具有可能性的东西，而我们建造的东西，也只能是能够再生产（reproduce）建造活动发生于其中的那套体制之价值的东西。若教化了我们的体制是良性的，或哪怕只是比当下的体制更好，那么此类再生产大概还能算是差强人意。但若体制残暴不公，隐忧则会甚为深重[37]。志在变革的城市复兴项目若不能自觉采取相关策略去改变造就了现状的根源，那么复兴的结果大概也不过是“浮光掠影”（rattling the cage）而已。而既然条件如此严苛，切实的革新看上去或将永远是天方夜谭。然而，列斐伏尔对变革的整体性号召却会导向不同结论，因为他的循环辩证法（circular dialectical process）可以用来测试构想可能性的局限。说到底，社会变

革需以空间变革为前提，而空间变革同样需以社会变革为前提。过去那些“一刀切”（totalising）的城市复兴和社会福利住房项目未经研究论证即盲目施行，而屡试屡败的结果正是社会与空间变革之辩证关系的明证。

此类所谓城市创新（urban innovation）的不稳定性暴露了其自身只能粉饰太平的主要特性，这在于它们“既然难免成为深层体制的表现，便也只能加强（而非批判）体制”的选择。看到建筑几乎已完全沦陷于晚期资本主义文化逻辑之中的现实，德国“希望哲人”恩斯特·布洛赫宣称已无望借助建筑和城市规划实现从乌托邦视角可以展望到的那种“遥远理想”（Not Yet），而“唯有再创建一个新型社会，真正的建筑才可能产生。”[4]186-190

乌托邦的产生与衰退

列斐伏尔对前现代和前工业化城市的社会和空间形式的参照，是为了将它们用作批判现代（资本主义）城市的武器，而绝非如大卫·哈维所言，是指出了一条可能的“革新唯有复古”的绝路，且这样的参照也并未否定其他变数和选项的存在。在哈维眼中，列斐伏尔以古为师的方法是消极的，但实则后者采取此种方法，是为了首先开拓前路。尽管如此，哈维的疑虑却值得我们注意。一方面，他观察到“列斐伏尔坚决反对传统乌托邦空间形式，这正是因为这些形式具有封闭的威权主义特性（如传统对待阶级和性别的态度）”，以及“他严厉批判了笛卡儿式概念，即绝对空间概念带来的政治专制主义（**包括极权主义、僭主政治和威权主义**），或言之理性化、官僚化，以及以技术官僚主义和资本主义逻辑所定义的空间性（spatiality）对世界的压迫。”这样的观察是正确的；但

26

另一方面，他对列斐伏尔看似不愿提出任何切实解决方案的态度颇有微词。[24]183 然而，他对列斐伏尔的浪漫主义却疑虑更深：

> 在他看来，空间之生产应永远保留开放的可能性（open possibility）。但不幸的是，这会导致所有替代性真实空间都会令人沮丧地停留在暧昧不明（undefined）的状态。列斐伏尔拒绝给出任何具体建议（尽管他曾几次怀旧地暗示文艺复兴时期托斯卡纳⑤的做法是正确的）。他拒绝去正面应对这一问题：欲使空间具体成形，就必须进行封闭（closure）（无论封闭状态的持续时间多么短暂），而封闭却是一种威权行为。……我们不能始终回避……封闭的问题……否则就是去接纳一种所愿永远难偿的不可知的“作无益之斗的”浪漫主义。[24]182-183

列斐伏尔对威权主义的明显厌恶（即拒绝提出契合社会（或日常）生活新形式的具体空间形式）能够使建筑师和规划师受制于宰治体制这一不可避免的状况暂缓到来，而这至少在观念转变之前，算是一种良性状态。与此同时，列斐伏尔避免提出“特定空间封闭方式”亦有其务实考虑，因为关于新型城市的任何具体方案无论如何也只会如哈维所指出的那般暂时有效。且不论哈维是否不满，列斐伏尔都清楚，与构想能够反映与支持社会新形态与新进程的空间新形式相比，先构想社会新形态本身要简单得多。拒绝讨论封闭这一看似具有威权意味的行为，列斐伏尔便可以避免陷入机械的操作性批评（operative criticism）陷阱，继而也不至于使关注重点迅速由理论观照转向风格或形式偏好之类问题。

27

列斐伏尔对于威权主义的明显厌恶 [即拒绝提出契合社会（或

日常）生活形式的具体空间形式］能够使建筑师和规划师受制于宰治体制这一不可避免的状况暂缓到来，而这至少在观念转变之前，算是一种良性状态。

当下的那些观念，即看似将百世不替的资本主义现实主义，对我们的规限是如此彻底地束缚了设计与建造，以至于任何摆脱这些束缚的尝试一旦到了实现阶段便会迅速土崩瓦解。[19] 列斐伏尔并未就新型城市和社会生活描绘海市蜃楼式的思维图景，而是转头回望前资本主义时期的生活与生产方式，而后者正为当下指出了一套能够复兴个人与社会生活的替代性方案。相反地，脱离了过去的现代，则会是具有破坏性的：

> 在古时的乡村社区中……存在着一种特定的人的实现（human fulfilment），尽管其往往也会产生焦虑与种种苦痛。如今这种实现方式已不复存在。……我们的乡村地区如今的下场是日常生活的普遍贫乏。……所有曾使日常生活绽放光彩之事均已渐渐被从生活中剥离，并被改变为某种看似在生活之外（beyond its own self）的事物。**进步的确发生了，在某些方面还颇为显著**，但代价却不菲……
>
> 乡村地区最为显著地展现出的，是原住民社区的失位（dislocation），是技术进步的缓慢，是一种与古时差距远比在人们的普遍观念中更小的生活方式的衰退。城镇展现出的则是社区的几乎全面崩解——社会被原子化为“私人”个体。[48]209, 210, 229, 233

28

上述引文从“日常生活”失去“光彩”的角度，宣明了在进步与代价之矛盾这一问题上列斐伏尔的立场，这也充分解释了他何以要回望过去——包括能从过去吸取什么经验，以及为什么这些经验值得关注。若要理解列斐伏尔痛惜的损失究竟何指，最简单的方法是审视资本主义必然导致的那些分裂（division），包括劳动分工，生产与消费、工作与生活、城镇与乡村间日益加剧的分离，以及社群内部的撕裂等等。在列斐伏尔看来，这些均属于异化，其导致人们失去了一种可以直接参与并体验的生活方式，而这对社会和个人层面，包括形形色色的社会与个人关系所造成的损失将会极为惨重。

哈维认为，列斐伏尔的“浪漫主义”是对当今“不可知论式”的否定，其只能导向“所愿永远难偿”的结果。然而，尽管并未用很明晰的形式进行描述，但列斐伏尔的浪漫主义关注的，实则是那些我们已然失去且若改过自新则或可在将来复得的东西。因此，哈维的批评似乎忽略了“难偿所愿”具有多么旺盛的生成力。细究起来，我们也应当注意到，列斐伏尔也并不仅“曾几次怀旧地暗示文艺复兴时期托斯卡纳的做法是正确的”。事实上他对佛罗伦萨言简意赅地赞颂确实证实了这一“暗示”：“我最爱的城市是佛罗伦萨。拜城市边缘区域的小规模现代工业所赐，它于近日重新焕发生机，而一改木乃伊城（mummified city）或博物馆城（museum city）之面貌”。[34]208 列斐伏尔在此巧妙地表明，他对于现代的关切程度，并不逊于传统；而他心仪的城市应生意盎然，而既不可裹足不前如冷藏标本，也不可在对现代进步的盲目追求之中迷失自我。这里尤其值得建筑师注意的是列斐伏尔对我们常持之发展观的质疑：他颠覆了认为技术进步可带来社会进步的传统观念，指出前者具有潜在的破坏性，而后者的实现则需要借助不具有资本主义和现代世界之消融性因素（solvent aspects）的替代性方案（可向过去求得）。根据这一思路，过去正是由于更贴近文化的根源，才具有彻底的革新意味。

29

历史中心⑥：乌菲齐美术馆（1560-1581 年）⑦边的活动
意大利佛罗伦萨，2000 年

说到底，列斐伏尔对于“使空间具体成形或进行封闭”的抗拒，说明的是这样一种观点：空间的新形式没有标准化规格，而必须具体问题具体解决。如此变革则很可能会由那些敢于挑战专业限制、提出要求并自己着手进行新型空间创造的、非专业人员的市民揭开序幕。若社会新形态必须先行，空间新形式方能由其中产生，那么可能有两种结果：首先，社会变革到来之前建筑变革无从谈起；其次，作为社会建构物的建筑不必过于在意它无法或几乎无法影响的东西，如政治和社会。 30

然而，列斐伏尔又把话说了回来：若新生活的出现必以新空间的产生为前提，却又当如何？这一与我们的直觉认识截然相反的论调蕴含的言外之意，对于如何去理解建筑的使命至关重要。它事实上是在对 20 世纪 60 年代以来建筑历史与理论探讨得出的大多数结论宣战。

乌托邦和浪漫主义传达出的是志在改革的理想主义与相信个人、国家和场所能够臻于至善的乐观主义的强强联手，而这样的联手能够加强坚拒随波逐流的信念，从而终能兑现砸碎现实主义枷锁的承诺。在列斐伏尔理论的语境中，浪漫主义是一种对未来的乌托邦式期许，而这种期许正因过去那些未能彻底求得之出路的余烬在今日重燃而丰富起来。而这样的出路，在列斐伏尔眼中，可以说其形式不异于马克思所谓的“神秘的连自己都不清楚的意识”。对这种费解，或言尚“不清楚的”意识进行分析，或能揭示出“世界早就在幻想一种一旦认识便能真正掌握的东西”[54]155-156。在书写空间史和考察前资本主义社会安排时，列斐伏尔便试图去将这种意识作为能使幻想成真的乌托邦方法的组成部分加以把握。

马克思谈到的这种幻想与恩斯特·布洛赫的**具体乌托邦**（Concrete Utopia）概念具有紧密的关联。“具体乌托邦”展现了“希望”具有的期许未来的功用，因为希望能够引导思想与行动去实现**切实的可能**（Real-Possible）[这一概念相对于布洛赫所谓的**抽象乌托邦**（Abstract-Utopias）的那种劳而无功的**空洞的可能**（Empty-Possible），后者如某些现代主义建筑所玩弄的那种玄虚的形式主义，其似乎并**不期许未来**（anticipatory），而仅是因现状不尽人意而作出的**补偿**（compensatory）]。“神秘的意识”之所以在当下依然盘桓不去，正因为其未曾得到实现，而对可行之出路的期许，便需先阐

31

明此种意识。一旦为我们重新掌握，此类意识便能成为向实现期许迈出的坚实的第一步。很自然地，布洛赫的**切实的可能**与列斐伏尔的**可能之不可能**（Possible-Impossible）在精神上颇为接近。然而，现实状况是任何超越（或克服）现状之局限的尝试均被理所当然地斥为难于登天，无论这种困难是否仅是暂时的。于是列斐伏尔将“不可能”纳入考量事实上使其观念更贴近现实。无论如何，欲使列斐伏尔的“可能之不可能”真正进入意识以获得实现之可能，那就必须“实现过去的思想”，而这需要一个灵活、辩证的过程，而非某种一成不变、可供人按图索骥的方案。[54]156⑧

列斐伏尔的浪漫主义并不具有一般意义上的怀旧意味。例如，因为回到过去“既无法实现，亦难以想象”，任何一揽子工程式的“回到过去”之尝试均无法保证能够解决“现代性的危机”。但在他眼中，尽管“城镇始终是集体创作的艺术作品”，而新城镇却“自丑陋与乏味中诞生”，因此令人不满。[45]279 尽管过去无法复现于当下，列斐伏尔却发现早期（前现代）城镇拥有某些现代城镇所缺乏的、对于建筑师或有裨益的东西。一方面，过去有其价值；而另一方面，我们却无法回到过去。通过接受这一矛盾，列斐伏尔发现了过去与当代城镇之间的辩证关系：在现代世界之现状的影响下，我们对未来的构想既受掣肘，亦不称心，而传统城镇安排形式却能为我们提供其他思路，又不至于使我们陷入盲目追求复古的泥淖。现代世界尽管时常令人失望，但毕竟是我们无法逃避的现实环境，任何可能性均需从其中产生。逃避并不可行，而过去或早已指明了出路，或仅暗示了方向，但现代性和当代城镇的问题，却非朝夕所能解决。

32

> 居住、生活在城镇、并依需求塑造城镇的人们，能不能也创立城镇？创造城市的特权仅属于一小撮规划者、

> 建造者和组织者的现状能不能改变？到目前为止，对此的回答均为“不能”，而这正是症结所在。[45]279

可以说，现代城镇的暗淡景象与过去城市展现出的曙光，在很大程度上是显而易见的。然而，对两者进行详实的综合考量并构建优秀的替代性方案却仍很困难。在上条引文中，列斐伏尔主张应由真正居住在城镇中的人们参与自创立伊始的所有城市塑造过程，而反对仅由一小撮专业人员（规划师、建筑师和官员）自作主张。后者如今正肩负着设计建造城镇的责任，于是也是使现代建成环境的丑陋、乏味、异化效应等痼疾滋蔓难图的罪魁祸首。尽管城镇建设由居民自决有些难以想象，但列斐伏尔指出的毕竟只是一种值得考量的替代性方案。

列斐伏尔对于现代世界中“美”的日渐式微甚感忧虑，如丑陋和乏味的城镇。但他的关注点并不仅限于现代意义上的审美欣赏或感官愉悦。对他而言，美的蕴含极为丰富。如他所言:“这⑨难道不仍是关于和谐的问题吗？只是不与仅牵涉艺术与美学时相比，这个问题是在另一种充分、积极地参与日常生活实践的语境下被重新提出，且意义也有所不同罢了。”[45]279 很明显，列斐伏尔对建成环境的探讨主要是在社会和综合性层面上进行的。但在此处，也不可忽视他所受到的前人学说的影响——在这里体现为传统的以美为相互关联的各部件间之比例和谐（这里指身体、社会或形式的各组成部分之间及部分与整体之间均拥有和谐的比例与韵律）的观念，而这一观念大体来自公元前1世纪的罗马建筑师与建筑理论家维特鲁威。[72]I-II-14

33

列斐伏尔对于美在现代世界的消亡甚感忧虑，如丑陋和乏味的城镇但他的关注点并不仅限于现代意义上的审美欣赏或感官愉悦。

日常生活批判

在列斐伏尔看来，由于受实证主义的日益侵蚀，日常生活已经被扭曲，表现为生活、工作及二者之环境日益僵化的组织模式。今天大行其道的官僚主义对日常（或言习惯）的压迫，正使异化效应的蔓延愈发猖獗，社区生活的裂痕也因此日渐加深。针对于此，列斐伏尔提出了一种关于日常的统一性理论（unitary theory）。尽管对19世纪浪漫主义的过犹不及不以为然，他却继承了其对资产阶级生活的批判。与此同样重要的还有浪漫主义善于通过距离化（distanciation）也即一种理想的、统一的、来自前资本主义之过去时期的“异常”（otherness），来清晰审视并进而得以对抗现代性之破坏性因素的才能。对浪漫主义的上述重要思想内涵的重视，使列斐伏尔得以提出一种向前看的**革命浪漫主义（Revolutionary Romanticism）**，这种浪漫主义能够构想这样一种替代性未来：即拥有不为“关于过去的某种特定的理想化观念”所框定的、重新统一的日常。

过去与未来间这种具有生成力的矛盾固然使列斐伏尔的批判性研究更为有力，但他的最终目标却是促成一种重新统一的、去异化的（disalienated）社会。在他看来，资本主义与异化实为一体。同理而论，不公与日常生活的瓦解也均为前两者的表征。于是唯有在一定程度上再次将日常生活及其空间统一起来，方可克服异化。而实现这一目标的最显而易见的方法，即是通过再次构想未有资本主义和异化之时的前现代时期之情状，来使社会和空间的现状实现革新。能够实现去异化的空间，最终应当符合如下要求：其提供的环境能够在所有层面和尺度上包容并维持欣喜愉悦之日常生活的开展。列斐伏尔认为，欲重新建构一种以生机盎然的社会生活及支持这种生活的空间框架为特征的替代性未来，回头向

34

富于革新性和生成力的过去取经是必由之路，而这一观点与人们对进步与现代性抱有的一切幻想均可谓大相径庭。以此而论，他相信“可能之不可能”的最终成形（尽管尚无法确知所成何形）必须以回想人类的记忆中那些和谐统一的瞬间为基础，通过这样的回想，这些过往的瞬间（曾经有过，或部分实现过）能够复活于当下，并作为一种**遥远的理想**指引我们去塑造未来。

列斐伏尔坚信变革始终可能发生，这可谓在马克思的局限、塔夫里完全封闭的死路，以及新自由主义和全球资本主义实践肆意塑造建成环境和社会生活的现状之外，指出了一条出路。然而，由于超越了从革命或进步之类角度构想未来的局限，列斐伏尔的观念事实上与建筑师、规划师和城市设计师们的实践习惯大相径庭，这使得后者很难将前者的研究成果转化为具体工作方法。

是别无选择，还是选择列斐伏尔和乌托邦？

在上文我们探讨了列斐伏尔的革新浪漫主义（radical Romanticism），接下来的关注重点则将转向他辩证的、实验性的乌托邦主义，而正是这两者的协作显著地拓展了探索构想并实现出路之可能性的眼界。列斐伏尔的乌托邦实践指明了建筑师和规划师们如何方能避免继续再生产新自由主义城市，并重新取回构建可使日常欣欣向荣之环境的能力。英美两国对于列斐伏尔的关注度固在日益提升，但自其城市研究著作问世以来，建筑与城市规划实践却未得到足够实质的深化。造成这种现状的原因之一，在于 1968 年 5 月巴黎发生的学生起义和大罢工[10]，虽挑战了保守派的权威和传统价值观，但在人们眼中却无异于乌托邦的背水一战。自此之后，对出路的期待便日渐式微。而在今天，大行其道的工具主义和资本主义，已使考虑列斐伏尔的乌托邦主义成为当务之急。[13][16][24][51][52][55][61]

因其理论和实践在过去 40 年间逐渐转向反讽，自主和默许，建筑与城市规划大体上已然僵化。以炫人眼目（spectacle）为主要导向的日常环境，使得意识愈发无法逃离一刀切式体制施加的那种大行其道的整齐划一。能与这一背景进行对抗的，在列斐伏尔眼中，则是现代性蔓延之前“生活”普遍具有的“高度多样性”。他指出：“今天我们看到全世界正趋向整齐划一……以建筑而言，许多地方、区域和国家风格已让位于‘建筑城市主义’——采取了所谓的理性几何形式的、欲使四海一同的（universalizing）结构与功能体制。”[32]7, 8 这里列斐伏尔口中的“所谓的理性几何形式”，明显是指主流现代建筑与规划。自列斐伏尔作出以上论断至今，高端建筑看似已在一定程度上摆脱了这种大行其道的“欲使四海一同的结构与功能体制”，但事实上，占据主导地位的图标建筑（icon building）和标准化建造技术与建筑装配（building assembly）事实上却使该体制愈发猖獗。

今日之建成环境可比以往任何时候更加确切地用马克·奥热⑪笔下的“非场所”（non-places）加以概括。奥热指出，造就了此类“非场所”的，是他称之为“超现代性”（supermodernity）的当下现实。[1] 据奥热的理论，购物中心具有最为四海一同的功能和结构，因其提供的是以资本主义消费活动为导向而全面优化，程度仅次于互联网的环境。从医院到机场，从学校到图书馆，而市中心为甚，购物中心的逻辑支配了各类建成环境，叫嚣着抹杀一切地域与功能个性。全国性或国际性连锁品牌如咖世家、星巴克⑫等的店面，事实上已成为医院和学校的常规配置，更毋庸论及机场和高速

36

公路服务区。我们心甘情愿地对购物中心已成为日常生活之核心环境这一现象视作理所当然，则说明了日常既是对千篇一律的同化进行抵抗的阵地，也是以乌托邦作为武器之批判活动的对象。列斐伏尔指出，日常“正是这个精心管控下之消费主义的官僚社会得以确立的基础。”[32]9 然而正是日常与那些对其自身之支配日趋牢固的、抽象而缺乏人情味的力量的共谋，向我们指明了如何才能利用乌托邦提供的机遇来彰显替代性的空间与生活方式，从而战胜这些力量。必须承认，这一论调几乎可谓无解之悖论，然而在列斐伏尔看来，日常之所以蕴藏着可能的出路，正是因为其中具有如此显而易见且无处不在的乏味陈腐。他指出，日常“作为一种现实状况，最普遍亦最特殊，最具社会性亦最为个人化，最明显亦最隐晦”，这使其成为“现存唯一公认的指示物（referent）与参照物（point of reference）。”[32]9 “日常”既蕴含着深刻理解现状的希望，也是开创全新未来的力量源泉，因此它在列斐伏尔的乌托邦思想中处于核心地位：

> 因此，日常性（everydayness）概念的所指并非某种体制，而是现存所有体制的共有因素。……陈腐乏味？对乏味陈腐本身的研究怎会是陈腐乏味的？无论是超现实的、还是非凡的、惊奇的，甚至是魔幻的，难道不都是现实的一部分？那么为何日常性概念就不能在平凡（ordinary）中揭示非凡（extraordinary）之处？[32]9

这些能自日常之平凡中揭示的“非凡之处”，是日常中最具反抗性甚至是革新性的瞬间。从这样的瞬间中，甚至可以产生真正的变革。然而发现这些充满希望的瞬间并发掘其潜力则需要持久不懈的努力：“现代性和日常性组成的是一种可用批判性分析揭示的深层结构。”[32]11 若能理解现代性和日常性是如何构筑成了一张上层与下层建筑互相角力的网络（社会的国家制度形式和社会意识形态即其上层建筑，而上层建筑决定于该社会的经济生产关系，亦即下层建筑），那么也就极有希望探明“改变日常”所需的那些“特定条件”。[32]11 然而，列斐伏尔始终坚持认为：“若欲改变生活与社会，空间、建筑甚至城市均必须改变。”[32]11

自对主流现代建筑与城市规划的批判于 20 世纪 50 年代兴起，作为此种批判的副产品，将乌托邦和社会意义（social purpose）视为毒草并试图加以根绝的主张亦应运而生，而列斐伏尔对“空间、建筑”和“城市”必须改变方可改变生活与社会的宣言，正是对这类主张的激烈抨击。进一步而言，该宣言所针锋相对的还有自 20 世纪 60 年代起抛弃表面上的**理想主义**（idealism）而转向所谓**现实**（reality）的趋势。将乌托邦，或言建筑的社会使命斥为空中楼阁的观念（无论是否言之成理），自 20 世纪 70 年代以来主要表现为两种形式：一是对历史折衷式、反讽式地引用，二是对建筑自主的**追求**（autonomy project）。这两种形式使建筑仅主要考虑形式和类型问题，以应对建筑师在采用了资本主义生产方式的建筑工业中权威和影响日渐式微的现实（尽管如此，这两种形式正同步于同期出现的建筑“理论爆炸”）。[16]63-87 [25][26][27][63] 然而，一旦抛弃了乌托邦，建筑和城市也就失去了一位重要的引路人，从而愈发显得不知所谓。而取代乌托邦的，主要是房地产开发和媒体的褊狭视野，以及艺术市场与时尚产业的逻辑。在我们这个时代，建筑生产和城市复兴的主要特征是对炫人眼目的追求和实证主义简化论（positivist reductionism）——一种资本主义现实主义的杂糅，且这种杂糅还展现出一副舍我其谁的面目。从某种意义上而言，通往复兴的建筑乌托邦的第一步，应是对这一信念的重拾：改变“空间、建筑”和“城市”将确立一种改变“空间、建筑”和“城市”的对应形式（counterform）。在此之外，很难想象还有哪种面对主流建筑和城市规划实践模式时态度更为彻底，或就根本性质而言更具乌托邦意味的批判方式。

38 自对主流现代建筑与城市规划的批判于20世纪50年代兴起，作为此种批判的副产品，将乌托邦和社会意义视为毒草并试图加以根绝的主张亦应运而生，而列斐伏尔对“空间、建筑”和“城市”必须改变方可改变生活与社会的宣言，正是对这类主张的激烈抨击。

列斐伏尔的实践观与其所详细讨论过的用以思索貌似不可思索之事的方法在根本性质上是乌托邦式的，因此若想将其思想运用于建筑和城市研究（创新），也必须利用他的理论化乌托邦思想及该思想所能催生的替代性实践方法(counter-practices）在社会层面上具有的潜力。由于是在对切实出路的构想中重新肯定了乌托邦的长期有效性，列斐伏尔的著述既是乌托邦式的，也是对乌托邦的斟酌与评估。向人们展示乌托邦远不仅是某种“明日黄花般的历史杂音”，也就暴露出了这样一项事实：建筑对乌托邦的抛弃，无异于证实了前者在社会与政治层面上的空虚：

> 没有任何理论不包含某种乌托邦思想，这一点在今日比以往任何时候都更为正确。否则，一个人就仅会满足于记录他眼前的东西；他不会将眼光投向更远的地方，而只关心所谓的现实。这样的话，他固然是位现实主义者……但是他却不思考！这世上不存在既不探求可能性也不寻找新方向的理论。[40]178

通过展现尤其是可使我们摆脱所谓现实之制约条件的理论何以是乌托邦的产物，列斐伏尔重新将可能性构想与建设性思维之间必要地勾连起来。在他看来，迈向其他可能性的千里之行，必须始于渴求“不可能”的足下，而渴求不可能具有根本性质上的理论导向，因此若舍乌托邦则无法进行。

列斐伏尔的其他乌托邦构想

可以想见，列斐伏尔的乌托邦主义以及他对马克思主义的坚定拥护甚或许还有发扬[43]，致使他的思想对具体的设计实践影响不大，而这显然是受到了乌托邦与现代建筑那些臭名昭著的失败看似难脱干系这一事实的连累。然而列斐伏尔却指出，应当对现代城市的一败涂地与不尽人意之处负责的，并非乌托邦思想或人们的无能，而是反乌托邦思想施加于日益复杂的社会和物质现实之上的制约。[6][57] 说到底，若论对社会生活和建成环境施加影响的程度，任何标榜自主的建筑师和城市设计师毕竟都难望新自由主义之项背。

39

因乌托邦而具有了对“可能性”的想象与愿望，在列斐伏尔那种灵活的乌托邦 – 马克思主义模型中找到了容身之处。在这种模型的帮助下，列斐伏尔也就不必执着于那种寸步不让的激进主张——不现实的革命是实现社会变革之目标的唯一方案。同理，应对国家社会主义的僵硬之处时，列斐伏尔采取的是始终积极应对当下的态度，这一点就那些在他看来从未消失的、可从诱人堕落的耳目之娱中取回日常生活深处所蕴含的价值与意义的潜在可能性而论，则尤为如此。而此类可能性之所以存在，是因为即使是在完全封闭的体制之中，也总有裂隙可寻。然而，他相信若欲最充分地利用这些缝隙，我们就应当以在根本性质上具有乌托邦意味的视角看待可能性，从而方有助于重新构想与评估社会生活以及作为其环境的城市。在列斐伏尔看来，唯有专业化程度最高的那些行为可以摆脱乌托邦而存在，而这样的专业化的固有陈腐思想，必然会导致惨淡的下场（其表现形式包括城市碎片化、社会生活萎缩等）。

> 在今天，谁不是乌托邦者呢？唯有那些经过狭隘专业化的执业者。他们只知按部就班地工作，而丝毫不对那些强加于他们的规范与限制进行批判性审视。而唯有此类不甚有趣之人，才会选择逃离乌托邦。[42]151

将乌托邦作为一种克服实证主义的方法而接纳的意义在于，这样做能够使此前不可能之事逐渐显得可能起来，但这样的思路会被称为职业思维和行为之特征的、狭隘的专业化所排斥。

40

> 诚然，人们一旦开始摆脱实证主义哲学（这种哲学实无异于放弃思考）的钳制，区分可能与不可能就会变得困难起来。但即便如此，尤其是在我们关注的领域中，今日已没有任何理论不包含乌托邦思想。而建筑师和城市规划师们对此均心知肚明。[40]178-179

反映城市碎片化的，是资本主义必然导致的各种分裂，包括专业分工，以及艺术与生活、理论与实践、工作与娱乐的分离等等。这种种分裂在过去百年左右已成为社会与文化生活的特征之一。而在此之中，劳动分工最为重要，并产生了其他种种分裂。此外，劳动分工对现代城市的组织方式也造成了深远的影响（比如城市分区）。而与此判然相异，乌托邦则是综合性的，其“必需”的观念均针对整体，而借助乌托邦思想，我们也正可构想将社会生活重新统一为这样的整体。

为实现其目标，资本主义必须秉持无情的务实态度，而这导致了极为不平等的社会和诡异地充当此类不平等之喉舌的空间实践。而应用于现实的马克思主义，以其独特的方式也同样是，或至少看似是务实的。马克思主义必然要求对生产进行集中化组织，而这种集中化便会不可避免地导致官僚机构的日渐臃肿，以及党内公职人员试图对社会进行刻板管理（于是便会产生刻板的空间）。而在对现状进行批判的过程中，乌托邦则指出了可摆脱官僚主义及官僚式空间的出路。由于现实总有缺憾，因此寻找（或再寻找）出路的可能也便始终存在。为了讨论资本主义使统一的社会生活分崩离析的倾向，列斐伏尔必须要从马克思始终坚持的资本主义批判出发，但他并未就此止步：

> 只有马克思主义是不够的；但要研究当今世界，没有马克思主义却是不行的。我们认为，任何此类研究工作的开展都需以马克思主义为出发点，尽管对其基本概念还需在必要进行时进一步阐释、精炼或用其他概念加以补充。马克思主义是当今世界的一部分，它是一种构成了我们当下之处境的独创一格、成果丰硕、无可取代的要素，且其作为一种专门化的科学 - 社会学，与这一处境尤为贴合。[43]188

41

在列斐伏尔看来，马克思和马克思主义最突出的局限性，在于因其对城市熟视无睹而必然忽略后者是人欲望之承载的重要环境。这一点导致的则是马克思主义回避讨论非现实对象（wonder）的倾向。这一倾向促使列斐伏尔一方面在对马克思进行批判性研究的基础上阐发了一种社会学理论，另一方面又不惮于“应用这种理论审视下面这些彼此之间的，且界限至今尚不够清晰的观念：意识形态与知识，乌托邦与展望未来，诗歌与神话等”[43]87-88。在马克思主义理论中为愿望、梦想、诗歌与乌托邦成功寻得了一席之地，毫无疑问可成为列斐伏尔的最重大成果之一。他对马克思主义的选择性继承正反映了他所秉持的这样一种乐观态度：扬弃地直面现实即有可能将之改变。这样的改良思想以作为构想社会与空间之替代性安排方式的乌托邦逻辑为框架，既可说是某种“应用乌托邦”（applied Utopia），又具有显著的开放性——其拒绝采取那种常导致乌托邦实验乘兴而起、败兴而终的僵化的封闭。正因如此，列斐伏尔相信，一面采取行动，一面反思后果，便可不断创造良机，从而步步为营地寻找更优良的出路。更重要的是，列斐伏尔的乌托邦实践并未想要毕其功于一役，因此便也不会因时过境迁而失效。对乌托邦思想进行的此等改良，真正的益处在于能够展现怎样才能从那些曾经美好的、暗含着重新建构社会生活及作为其环境之城市可能性而留存于今日的时光残迹中寻回一种更好的生活方式。对“可能和不可能”之间壁垒的消解，哪怕只能一点一滴地进行，也一定能够缩短我们与真正变革之间的距离。很显然，列斐伏尔关于复兴的浪漫主义愿景在本质上是乌托邦式的。从过去的替代性方案留在人类的记忆中并未消逝的残迹和前资本主义城市留于今日的印记中，列斐伏尔相信个人可以寻得一种更真实的、更可直接体验的日常生活。一旦这样的认知哪怕只是稍稍进入我们的意识，以乌托邦为方法的对变革的渴望与

42

实现便会拉”开序幕［那些纷乱不休的再开发项目和组织变革（organizational change）使一切分崩离析的不稳定性之所以同是现代资本主义城市和已面目全非之社会生活的关键特征，原因正在于此］。

很显然，列斐伏尔关于复兴的浪漫主义愿景在本质上是乌托邦式的。从过去的替代性方案留在人类的记忆中并未消逝的残迹和前资本主义城市留于今日的印记中，列斐伏尔相信个人可以寻得一种更真实的、更可直接体验的日常生活。

总而言之，列斐伏尔认为，乌托邦对于构想在当下可建构的“可能之不可能”的场所具有关键意义，而在这样的场所中，社会与个人可以重拾过去的那些时光。尽管实现这一任务现已显得迫在眉睫，列斐伏尔却未急不可耐到以为乌托邦革命可于朝夕间完全实现。事实上，摒弃了实证主义的决定论思维模式，列斐伏尔便为思考扫清了障碍，而这样的思考因具有反思倾向，故能保证行动始终具有切实的目的性。以此而论，乌托邦的使命，即是为那些在当前看似**不可能之事**，构想切实的**可能性**。

辩证性乌托邦主义

与早先的19世纪乌托邦社会主义者相似，列斐伏尔也承认直接行动与实践对于替代性方案的实现至关重要，追求理论完善的抽象思辨则不足以独担大任。他的思想在实践中固然并未得到广泛应用，而能够测试应用之效果的实际项目更为凤毛麟角，但其概念化的那种脱离了资本主义之束缚的、生机盎然的城市环境，对于城市而言依然蕴含着丰富的可能性。

列斐伏尔认为，研究工作对于组成性（constitutive）而非病理性（pathological）的乌托邦主义［前者指针对局部的（partial）、建设性的（constructive）和循序渐进的（gradual）乌托邦，后者则指一刀切的（totalizing）、破坏性的（destructive）或揠苗助长的（hasty）乌托邦］而言至关

43

重要。列斐伏尔持有的那种乌托邦亦有积极的一面，来自他对可能与不可能之间辩证关系的理解：“如今愿望、想象和乌托邦主义均在探寻可能与不可能之间的辩证关系。”[45]357 对具体研究与实践项目进行辩证分析，可以在早期阶段即对项目的可能结果进行检验。而对我们翘首以盼的**遥远理想**（Not Yet）进行辩证性考察，用列斐伏尔的话来说则必能带来一种能够“取代”“古典主义”与“浪漫主义”的“更好”方法。当然，浪漫主义的陌生化功能依然值得其为我们所继续发扬下去。关于其辩证乌托邦主义的观点，列斐伏尔进行了如下论述：

> 唯有对乌托邦主义进行既合理且辩证的运用，方能使我们能以未来之名阐释当下，批判已取得的成就，并批判资产阶级或社会主义的日常生活。……唯有以辩证运用乌托邦主义为手段，我们方能**精心编排**（programme）我们的思想和生活，并在甚嚣尘上的唯美主义、艺术衰落、意识形态主义（ideologism）……等等的纷繁芜杂中保有批判性意识。我们面对的问题已不再是如何越过当下和不久的将来，或一跃抵达遥远的未来，而是如何以当下为出发点，对可能性进行探寻。[45]357

此处引文中的最关键之处，在于列斐伏尔宣称“辩证的乌托邦主义”可通过对现实的批判性观照而开辟未来的可能性。这对于作为方法的乌托邦而言意义巨大，因为其告知了我们如何能够哪怕是在可能性真正实现之前，即使其至少是在意识中清晰成形。重要的是，批判现存事物既可产生关于未来的想法，也可参照现状来逐步探寻这些想法中蕴含的潜力，这便可使此类想法中的可能之不可能之处更不易被扭曲为对它们所承载的（组成性）乌托邦愿景的某种绝对主义式

（病理性）抽象化。欲构想这样的积极变化，唯有如下情况成真之时：

44

> 可能的或乌托邦式的方法再不能是先见、预言、冒险主义或某种关于未来之模糊意识的同义词。我们再不能将乌托邦主义看作某种抽象的原则，如希望、推演（projection）、意志力或善意，“先见”（prescience）、“价值观”（values）或价值论（axiology）（**道德价值观理论**）等。[45]357

摆脱了那些在列斐伏尔眼中既陈旧不堪亦束手束脚的对乌托邦之效用的普遍认知，一种辩证的、以日常生活及对日常生活的批判性审视为基础的乌托邦主义，可被我们用来解决新城镇具有的那些关键问题。[45]357 作为生活这场大戏上演的舞台，建成环境在我们面前，成了可用辩证乌托邦主义测试可行的替代性方案之局限与可能（貌似**不可能**之相对**可能**）的绝佳平台。

实验性与理论性乌托邦

“传统意义上”的乌托邦在列斐伏尔看来是有问题的，这很大程度是因为其带有绝对主义倾向，并且自欺欺人地描绘了可在个人与社会尺度上同样大获成功的空中楼阁。然而，列斐伏尔指出，他所称之为“转形”（transduction）的过程提供了一种既是思辨也是实践的方法，以“在特定现实产生的信息和造成的问题中”理解并建构具有可能性的对象，从而对乌托邦进行改良。因此，转形的运作力求实现“所使用的概念框架”和对现实“基于经验的观察”之间的平衡，而在这里，前者用来发现问题并构建解决方案，后者的任务则为抵御资本主义简化论及其助长的异化现象所带来的使对象分崩离析的抽象化（dissociative abstraction）。通过在乌托邦式思考中确立一套不可或缺的反馈回路（feedback loop），转形“既使创新变得严谨，也为乌托邦注入知识”，因此也就解放了乌托邦带来彻底（既切实亦可行的）变革的潜在能力。[42]151

45

> **转形**。这是一种可以井然有序地进行的思辨活动。它不同于那些传统的归纳、演绎、“模型”（model）建构、模拟（simulation）或简单的假说提出。转形阐释并建构了一种理论对象——一种自特定现实产生的信息和造成的问题中来的具有可能性的对象。转形始终承担在所使用的概念框架和基于经验的观察之间传递反馈信息的任务。它的理论（方法论）可以形塑规划师、建筑师、社会学家、政治家以及哲学家特定的自发性活动。它既使创新变得严谨，也为乌托邦注入知识。42[151]

据列斐伏尔的定义，“转形”作用于现实产生的信息，以建构一种“具有可能性的对象”，这种对象又反过来接受审视，以阐明其表现的可能性。鉴于其尚不存在，这种对象固然是理论性或概念性的，但却深深根植于它所自而生的现实之中。来源于现实的转形，获益于在可能性和现实之间持续传递信息的反馈回路，而这里的可能性超越了现实，现实则是检验该种可能性是否真能超越自己的基础。以本书的基调而论，列斐伏尔对转形有似于“建筑师之创新实践”的坚信尤其值得我们关注。

据列斐伏尔的定义，“转形”作用于现实产生的信息，以建构一种“具有可能性的对象”，这种对象又反过来接受审视，以阐明其表现的可能性。

转形代表的是乌托邦式思考迈出的坚实一步，因为其使得自乌托邦方案提出就开始对其检验、阐释和修整成为可能，而这意味着一种真正意义上的实验性乌托邦。此类乌托邦主义的优势在于其具有产生并检验替代性方案的方法，而此种方法可使这些方案既根植于现实，又能够超越现实。借助转形，我们便有可能摆脱那些我们更为熟知的各类实证主义（病理性）乌托邦主张的狭隘专业化带来的严苛束缚。转形对于乌托邦而言最具价值之处，在于前者既清晰且详细地宣明了后者的实验性倾向，同时又引入了一种方法来有计划有步骤地检验后者的方案。

46

> 实验性乌托邦。……所有人都是乌托邦者，包括那些构想巴黎在2000年之景象的未来主义者和规划师，以及创建了巴西利亚的那些工程师！但乌托邦主义却有多种，而其中最不堪者，岂非不敢亮明乌托邦的旗号，反而潜身缩首于实证主义的外衣之下……的那种？42[151]

乌托邦唯有通过“非常具体翔实的分析加以改良”和检验，其所提出的替代性方案方能应对日常的具体现实。而直面具体现实，又能反过来防止其抽象化。[42]97 此外，“辩证理性对乌托邦的控制也可使其免于沦为那些已入歧途的所谓科学幻想与前瞻。”[42]156 而这些论点，均在反复申明乌托邦之实验性的至关重要：

> 应联系具体场所实验性地考察乌托邦可能带来的影响和造成的结果，而这样考察的所得将令我们耳目一新。最成功的场所在或可能在哪里？怎么发现它们？应以什么为标准？这些能够创造幸福的“成功”的场所表现或规定的日常生活的时间和节奏是怎么样的？这样的思考很有趣味。[42]151

任何规划和建筑项目均能因“联系具体场所……考察……可能产生的影响与造成的结果”而得到显著改善，这在道理上不言自明，但却很少成为具体实践的现实。人们对这种工作方式的抗拒至少是造成这种现象的原因之一，而抗拒则是因为此类实验性方法可能会带来一些出乎意料的、会损害规划师和建筑师关于项目成果之职业自信的发现。尽管职业上的不安全感是个颇值得探讨的问题，列斐伏尔关注的却是导致人们抗拒实验性方法的其他原因，而他认为这些原因来自这样一个现象：建筑师们倾向于“基于他们自己对栖居活动的诠释，而非真正的栖居者所感知到或通过实际生活所体验到的意 47 义（signification）”来表达“他们已经教条化了的意义体系（ensemble of significations）。这样的诠释是图形化、视像化、并趋向于某种元语言（metalanguage）。……他们的那套体系倾向于自我封闭，也即自行其是并逃避批评。”[42]152 由于建筑师的工作是在建构一种由以视像为中心的（ocularcentric）符号组成的抽象体系，而该体系相比其他感官经验更看重外观和视像（vision），因此联系具体场所对其进行检验显得意义不大。建筑师基本不会虑及“最成功的场所”或“能够创造‘幸福’的成功的场所表现或规定的日常生活的时间与节奏”一类问题，因为此类问题从根本上来说针对的是身体而非视像。即使这些问题有时也会引起一定程度的关注，但也很快会被遗忘于对现实进行图形化与视像化解读与表现的过程之中。然而，如果我们能用转形方法所提倡的那种“现实分析（永远做不到尽善尽美，巨细无遗）”来指导实践，那么建筑便也能如乌托邦一般，能够更开放包容，也更行之有据。

列斐伏尔对乌托邦带来彻底革新之潜力的重拾，使得构想“可能之不可能”更为容易。但尽管如此，他的乌托邦对“遥远的或可实现之事”的追求也始终与未来主义者和规划师们的那种“预报式（prognosticating）乌托邦”[46]132-133 有所不同。列斐伏尔对习惯的颠覆在于：他的乌托邦不再是“抽象的理想”，或某种“真实与虚幻纠缠不清”且“多论‘征兆’（signs）而少涉‘事物’（things）的自欺欺人”，而此类乌托邦的特征在于其至多是某种“半实半虚”的抽象思辨，而对于开辟可能性几无用处[44]132-133：

> 如今的乌托邦所依附的，是形形色色遥远的、未知的或被误解的现实，而再也不是真实且日常的生活。它不再能从那些决绝地突破现状的空白与裂隙里诞生。我们的目光不再投向地平线，而迷失于不知何处的迷雾之中。[42]163

48

这段引文阐明的是列斐伏尔对于乌托邦的矛盾立场。乌托邦一旦被抽象化，便会失去优势，也即当其“所依附的是形形色色的遥远的、未知的或被误解的现实”时，便会“迷失于”“迷雾之中”。这样想来，“乌托邦，是一种关于遥远的或可实现之事的理论，而不是一种‘终末论’（eschatology，也即实现或会带来终结的理论），而是一种归根结底依然在受知识与意志之指引、支配与把握、切实而积极的历史观。”[47]73 像列斐伏尔一样抛弃对某种终末论式结局的幻想，乌托邦便可得到解放，从而能够指引思想和行为来发现缺憾并填补空白。不过，这是一个没有确定终点的开放性过程，因而乌托邦重新引导并拓展意识的效用也尤为珍贵。

在列斐伏尔看来，“可能之不可能”和（他所肯定的那类）“乌托邦”两语是可以互换使用的：“对可能之不可能的探寻有一个别名：‘乌－托邦’（U-topia）”[41]185［这里对“U”与“topia”的拆解是契合于托马斯·莫尔爵士⑬创造此词时赋予它的那种矛盾意味。该词源自希腊语，其中“U”的语源既可以是“eu”（好），也可以是“ou”（无），加上后面的“topia”（语源为 topos，意为地方），便意味着乌托邦是某种“虽好却尚不存在之处”（good non place），或用列斐伏尔的话说，是“可能的不可能”]。列斐伏尔认为，“仅借助”具体乌托邦，“我们便能够思考并采取行动”。他甚至断言：“没有思想可以脱离乌托邦而存在，换言之，没有思想能够不对可能与不可能（也即辩证性构想中的可能之不可能）进行探索，且现在比以往任何时候都更如此。”[41]184 他写道：

> 从辩证意味更为深远的角度而论，不可能（乌托邦）⑭会自可能的最核心内容中［日常］产生并展现出来，而反之自亦如是。没有哪种交流不追求传达所有信息这一不可能实现之目标的可能性，没有哪一种爱不追求绝对的爱，也没有哪一种知识不自以为可通向绝对的、无法企及、无边无际、无穷无尽的⑮知识。[41]186

正因为塑造替代性方案的，是个人与社群习惯性（habitual）的——也即个人和集体熟知的——平常活动，故其能够于日常中产生。日常亦有其“难以捉摸”（elusory）之处，而这对于“试图裹挟一切的官僚主义监视、规范和管控”本身便“意味着难称微弱的反抗”，而正是这种反抗，在致力于传达“代表着**日常生活之更伟大现实的**、关于日常、平凡和习惯的、与具体场所相联系的（local）的知识与实践。”[21]229

49

人们习惯认为现代建筑与规划是乌托邦式的。但事实上，几乎从任何角度来看，两者均毫无乌托邦意味。到今天为止，大多数城市的现代化过程均是一时心血来潮［以及受所谓市场压力（market forces）的驱动］而非深思熟虑的结果，这导致了对于任何项目，无论是否为乌托邦式项目，人们均不会对其可能造成的结果进行审慎考量，项目也便因而无法得到改善。尽管项目的动机表达通常会把该项目论证为某种势在必行之事，也即以理性思考之成果为依据，但具体实施却通常极少虑及受其影响最大的人群。暴露出项目的动机表达与具体实施之间的差距，便可以抵御此类实施方法造成的危害，而放弃反思，则会不可避免地滑向绝对主义。以此而论，诚如列斐伏尔所言，大部分城市再开发的具体实践不过是披着乌托邦外皮的实证主义。

建筑师和城市规划师的作品通常表现得志存高远，然而无论是在现存的还是很快即将建成的城市中，许多再开发项目的实际工作都缺乏审慎的反思与研究。尽管城市和建筑方案的潜在宜居性展现在数据和艺术表达中时，通常显得绝无问题，但若项目不能对生活的质化（qualitative）维度或其中具体的日常习惯作出回应，真正建成的成果将难免不尽人意。

以乌托邦和浪漫主义为基础，以转形为轴线，列斐伏尔提出的方法能够引导建筑和城市研究去探讨那些特定社会与空间环境所具有的，对生活于其中之人们影响最为深远的性质。研究此类问题或许看起来像是在走弯路，会妨碍建筑师和城市设计师生产诱人图像并维持其职业神秘性，但忽视此类问题，则将与那些由列斐伏尔所挖掘出的、乌托邦在实践层面上“虽存在却尚未被充分探究”的价值失之交臂。

50

列斐伏尔对乌托邦尚未被充分探究的理论和实验性层面的挖掘，正契合于他寻找替代性空间实践方法的最终目标。此外，通过重点探讨乌托邦的研究性倾向，列斐伏尔向人们展示了其何以对创建关于社会、政治和空间之出路的理论而言至关重要。既然能够开辟向“深远的经济和社会政治（socio-political）”以及空间之“改良”前进的道路，乌托邦即使永远无法完全成真，也丝毫无损于其在重新构想习惯性实践一事上的价值。[36]176 因为不能完全实现，因此乌托邦方案也不至于彻底被现实化（actualize）。不过尽管如此，对于（经济、城

"设计出来是为了空置？"
滑铁卢广场，英国纽卡斯尔 ⑯

市和建筑）方案仅能暂时有效这一性质的关注，目前还是太少。

51 列斐伏尔对乌托邦尚未被充分探究的理论和实验性维度的挖掘，正契合于其寻找替代性空间实践方法的最高目标。此外，通过重点探讨乌托邦的研究性倾向，列斐伏尔向人们展示了其何以对创建关于社会、政治和空间之出路的理论而言至关重要。

列斐伏尔的乌托邦前瞻

列斐伏尔坚信，人们可自当下的裂隙中，重新寻得作为一种对社会之想象性重构（imaginative constitution）的乌托邦，即一种复兴的社会生活。考虑到这一点，那么借助列斐伏尔的研究进行思考，也就必须借助乌托邦思想并对乌托邦思想进行思考。而对列斐伏尔之思想蕴含的乌托邦式思路进行审视，也就触及了他对城市与人之可能性的探寻中最具经久不衰之价值的部分。

> 乌托邦主义者！（Utopist）
>
> 那又怎么样？对我而言这个词不含贬义。首先，我不认同强迫、标准、规则或规范；其次，我只看重适应（adaptation）；再次，我拒绝接受所谓“现实”；最后，对我来说具有可能性便意味着已部分成真，因此我就是一个乌托邦者（utopian）。你会发现我说的不是“乌托邦主义者”，而是“乌托邦者”。是的，我是乌托邦者，是可能性的信徒。[39]192

乌托邦或许会使建筑师、规划师和城市设计师深感不适。然而，列斐伏尔却证明了若缺少它的帮助，要摆脱现实加在我们身上的沉重枷锁并重新构想世界，究竟会有多么困难。

为了从日常中求得一种积极的乌托邦，列斐伏尔认为，“我们必须要通过不可能去实现可能。”他将此描述为“**急切的乌托邦**”（Urgent utopia），而其定义是“一种探寻所有领域中存在的可能性的思维方式。”[35]288 列斐伏尔对于影响今日城市之社会生活与形式的现实状况进行的精确记录，正为对抗建成环境对人们愈演愈烈的异化拉开了序幕。还有什么能比此更具乌托邦意味，或更为急切呢？

52

译者注释

① 此处有漏引，中译文依据原文补正。

② 国际现代建筑协会 (Congrès Internationauxd'ArchitectureModerne, CIAM)，1927 年成立于瑞士拉萨拉城堡 (Château de La Sarraz) 的国际建筑师组织，1959 年解散。该组织为第一个现代建筑国际组织，成员曾包括现代建筑运动的诸多代表人物如勒·柯布西耶、格罗皮乌斯等。该组织不仅促进了现代建筑设计法则的成型，且主张发挥建筑对于政治、经济和社会的影响，对于现代建筑的发展影响巨大。

③ 西格弗里德·吉迪恩 (Siegfried Giedion, 1888-1968 年)，波西米亚裔瑞士建筑史家、批评家。

④ 乌托邦者 (utopian)，在列斐伏尔的论述中，乌托邦者 (utopian) 与乌托邦主义者 (utopist) 判然有别，见 [39]192（本书第 2 章引及）。故本书原文用语全为 utopian，中译文亦不译为乌托邦主义者。

⑤ 托斯卡纳 (Tuscany)，意大利中部大区，占地面积约 2.3 万平方公里，以其浓厚的历史文化氛围闻名。其首府即历史名城佛罗伦萨 (Firenze)。

⑥ 历史中心 (Centro Storico)，佛罗伦萨五城区之一，范围大致在佛罗伦萨中世纪城墙之内，以其珍贵文化遗产众多而闻名。该城区 1982 年列入世界文化遗产。

⑦ 乌菲齐美术馆 (Galleria degli Uffizi)，位于意大利佛罗伦萨的艺术博物馆，为全世界规模最大、驰名最广的博物馆之一。馆中意大利文艺复兴时期的绘画雕塑藏品尤为著名。其建筑动工于 1560 年，1581 年完成。

⑧ 上段及本段对马克思的征引摘自其 1843 年 9 月致阿诺尔德·卢格 (Arnold Ruge, 1802-1880 年) 的书信，中文译文引自 1956 年人民出版社《马克思恩格斯全集·第一卷》(第一版)《摘自〈德法年鉴〉的书信》。

⑨ “这”指代的是当代（丑陋和乏味的）城市怎样能够成为艺术品的问题。

⑩ 五月风暴 (Mai 68)，1968 年 5 月 2 日至 6 月 23 日发生于法国的大规模群众运动，包括学生罢课、工人罢工、占领大学及工厂等。该次事件为对抗资本主义、保守主义、消费主义和美国帝国主义而起，在世界范围内造成了广泛而深远的影响。

⑪ 马克·奥热 (Marc Augé, 1935 年 -)，法国当代人类学家，其以现代全球化为主要研究对象。“非场所 (Non-Place)”一词于其《非场所：超现代人类学引论》([1]) 中提出，用以描述全球化现代社会中如机场、超市等具备高度流动性和暂时性，而关联、历史和身份认同等因素遭到抹杀的空间。

⑫ 咖世家 (Costa Coffee)、星巴克 (Starbucks)，为全球第二大及最大咖啡连锁品牌，1971 年分别创立于英国伦敦和美国西雅图。

⑬ 托马斯·莫尔爵士（Sir Thomas More, 1478-1535 年），或圣托马斯·莫尔 (Saint Thomas More)，文艺复兴时期英格兰著名人文主义作家、社会哲学家及政治家和律师，为欧洲早期空想社会主义学说的创始人，《乌托邦》(*Utopia*) 即其代表著作。

⑭ 不可能 (impossible)，列斐伏尔原文（[41]186）如此。本书误引作“可能之不可能 (possible-impossible)”，且加以“[乌托邦]”之补充说明。现中译文据列斐伏尔原文，故此处方括号内容据前文而言或不妥帖，然依然译出，

以备参考。本句中“[日常]”亦为本书作者所加，在此一并说明。

⑮ 无穷无尽(infinite)，列斐伏尔原文([41]186)如此。本书误引作“有限的”(finite)。中译文据列斐伏尔原文。

⑯ 泰恩河畔的纽卡斯尔(Newcastle upon Tyne)，一般简称纽卡斯尔(Newcastle)，为英格兰东北部城市。滑铁卢广场(Waterloo Square)为位于纽卡斯尔市中心的公寓住宅区。

53 第3章

空间的生产

先有空无一物的空间，然后才能对其进行填充，这一观点在今天依然如此深入人心，以至于“生产空间”的说法听来甚是怪异。此种说法直接带来的是这样的问题：什么空间？我们口中的“生产空间”是什么意思？[37]15

本书旨在引发针对目前这种状况的讨论。更具体地针对空间而言①，是要促使那些“即便并未支配但至少阐明了现代世界”的观念与命题彼此进行对抗。这里并非是要将这些观念和命题视作孤立的假说或“想法”(thoughts)来加以吹毛求疵，而是要将它们看作于前人在即将迈入现代之时对未来的预测。[37]24

[本书]提出的基于空间的策略性假说……所采取的立场明确反对国家、政治权力、全球市场和商品世界欲使一切同化的倾向，而对于这种倾向的实践表现而言，抽象空间既是手段，亦是场地。[37]64-65 ②

那么我们所考虑的，是对传统哲学和马克思主义理论进行拓展……这样的拓展既继承了对哲学的彻底批判，但同时又不抛弃黑格尔关于具体通性(concrete universal)概念的论述及其影响。换言之，我们所关注的，是超越了体制建构的理论。[37]399 ③

《空间的生产》的难题

任何对列斐伏尔《空间的生产》[37]进行概述的尝试，

54 都必须有所取舍，而无法巨细无遗。该书④内容之深之广，使得此种尝试实为一大难题。本书既不敢奢望面面俱到，亦不愿耽于浅尝辄止，故试图在此尽可能忠实地呈现列斐伏尔之思想的基调（atmosphere），从而尽可能向读者传达该书的精髓，同时亦避免沦为某种广告宣传。

如若成功，本章对《空间的生产》之精髓颇费笔墨的展示，或能传达出列斐伏尔思想惊人的丰富性，并揭示其对于读者而言所具有的深厚趣味和切实价值。这里提到的读者既包括建筑师，也包括任何关心这个我们生聚歌哭于其中的人类世界的人们，无论是参与建构这个世界或（以任何方式）对其作出贡献之人，还是因与其休戚相关而无法对其前途置之不理之人。我对列斐伏尔的思想之基调进行呈现的指导性原则，便是聚焦于其中最能令建筑专业的学生、执业者和学者同样直接获益的部分。在下文中我们将或直接或间接地探讨的主要问题，均直接出自列斐伏尔自己曾在该书中亲自提出的问题，包括“空间实践”（Spatial Praxis）、“空间的表征”（Representations of Space）、“表征的空间”（Space of Representation）等等。除这三个核心概念以外，列斐伏尔对“社会空间”（Social Space）的考察，无论是在该书，还是在他对城市与日常生活的研究中，均占据着核心地位。

本章将考察的，还有列斐伏尔在该书所谓“作品”（works）（独一无二的，类似于艺术）和“产品”（products）（类似于某种可再生产的商品）两词之所指间的微妙差异，此处对于建筑而言具有不可忽视的重要意义。对于理解列斐伏尔的研究而言同样重要的，还有他所坚信的这样一种看法：在现代世界，“时间”与“空间”已被割裂开来，这导致“空间”主导一切，“时间”却几乎无人问津，当然除了以机械化或时钟形式呈现的时间；而在这样的时间中，仪式和节日活动为奉时钟为圭臬的工作组织形式所取代（这个问题将在下章论述）。此外，本章也将考察与上文介绍过的本书主题密不可分的诸多概念，包括“绝对空间”（Absolute Space）、“历史空间”（Historical Space）或言“相对空间”（Relative Space）、“抽象空间”（Abstract Space）以及“矛盾空间”（Contradictory Space）等。列斐伏尔对“空间的生产”的分析性研究，既试图充分解读资本主义和国家控制是如何实现了“空间化”（spatialized），亦志在揭示如何用仍留存于“日常生活”之习惯中的“绝对空间”之残迹，去抵抗资本主义生产的“抽象空间”。

55

为了概括该书的主题，我们有必要先来看看列斐伏尔对乌托邦探寻之核心内涵的阐释。在本书将近结尾处，他将此描述为“对一种新型社会的探寻”：

> 本书从始至终均基于某种探寻（project），尽管这一点有时仅暗含在行文的言外之意中。我将此称之为对一种新型社会——或言一种新型生产方式——的探寻，在这样的社会中，支配社会实践的将是新一套概念规定（conceptual determinations）。[37]419

无可否认的是，即使是对于最为耐心的读者而言，阅读列斐伏尔也绝非易事。他的作品之复杂与丰富，常会使对其进行清晰连贯的介绍极为困难。正鉴于此，在对这部含义深远且颇为卷帙浩繁的《空间的生产》进行讨论之初，先介绍列斐伏尔对于其研究目的的自白颇有道理。不过，这与列斐伏尔本人的研究策略并不一致，因为他明确指出，研究目的是隐藏在“言外之意”中的。而且，他不仅说明了采用这样一种论述逻辑的原因，也暗示了为何行文将终时才应当将研究目的和盘托出，而非（如本章的介绍一般）

开章名义：

> 当然，本书也可以清晰地阐述这项探寻，而这样做就需突出“探寻”(project)、“方案”(plan)与“programme”(计划)，或“范本”(model)与“前路”(way forward)之间的区别。然而这么做却远无法保证此项研究的结果能够预测未来或提出所谓“具体”(concrete)的建议。探寻仍会是抽象的，尽管其是在抵抗主流空间的抽象化效应，却不会超越这种空间。这是为何？因为“具体”的前路，需经由对现有理论和实践的积极否定、经由替代性探寻(counter-projects)或替代性方案(counter-plans)，因此也就需要经由“利害相关方”(interested parties)的积极有力干预。[37]419

56

这里最关键的一层意思是，对于列斐伏尔在《空间的生产》全书中批判不绝的那类空间，我们若为使其为了改变所做的任何努力有丝毫成功的可能，那么理解必须先于行动。唯有通篇细阅该书，行过书中所有的曲折，并玩味其获得的所有明悟，才能更为切实地理解空间的生产。[37]419 虑及于此，尽管我实已煞费苦心地尝试向读者力求准确地介绍本书以及列斐伏尔全部思想的精妙之处，但这绝不能替代对其原典的艰苦攻读。我希望有兴趣的读者在阅读本章之后，会愿意付出这样的心血。

这里最关键的一层意思是，对于列斐伏尔在《空间的生产》全书中批判不绝的那类空间，我们为使其改变所做的任何努力若想要有丝毫成功的可能，那么理解必须先行于行动。

从空间到场所

为了理解“空间”，真正与此息息相关的事实上是“场所”“的生产”，列斐伏尔对横亘于专业人员——比如建筑师和规划师——的产品与他们的目标客户，市民或言个人及日常生活的开展之间的鸿沟进行了反复探讨。建成环境对居住于其中之个人的异化会导致“幻灭”（disillusion），从而使得“空间空无一物，正如言辞之空泛。”[37]97 尽管在过去的二三十年中，人们对建筑的兴趣似乎比我们所能忆及的任何时期都要浓厚，而主流观念却是以建筑作为消费对象。我们基本上仅根据视像（vision）去欣赏和评估建筑，就好像建筑是一种类似于画廊里，银幕上或广告中的远景或图像，而非“我们生活于其中的环境”[37]42。总的来说，当代建成环境的特征表现为：首先，“空间”是“陌生的：即是同质性、理性化并因此对人造成束缚的，然而与此同时又是彻底失位的”[37]92；其次，“城镇与乡村，中心与边缘，郊区与市中心以及人之领域与汽车之领域之间……的形式边界”已然消失。[37]97 当代建成环境远未满足我们的要求，而正如列斐伏尔所言，其异化效应带来的并非某种具有能够使人们摆脱束缚的同质性或匿名性（anonymity），而是这样一种吊诡的境遇：“幸福与不幸间”的形式边界烟消云散，而“‘公共设施’、公寓小区和‘生活环境’”被生硬地“割裂”（sepearated）开来，且“孤立地被分配给彼此之间毫无联系的‘用地’（sites）”，而这一切均发生在“遭受了有似于社会和技术劳动分工加诸职业行为的那种专业化”的“空间”之中。[37]97-98

随着很多建筑师试图接受并美化这一充斥着割裂与孤立的境遇，其所产生的，在更宏观的层面上而言是资本主义

57

与国家和商业组织方式副产品的异化效应披上了必要或便利之事的外皮，致使我们难以意识到其本来面目。建筑已被容摄（subsume）为建造工业的细枝末节——如作为“剩余价值”（excess value），市景点缀（urban adornment）或“图标”（icon）——而为其寻找有意义的目标也愈发困难。位于孤立地块上的作为“对象”的建筑物，尽管看似能够解放作品与建筑师，使后者能够更为轻松愉悦地展现自己所谓的创造力，但这基本无法掩盖此类建筑实为使城市环境愈发碎片化、并令人们对日常生活惨遭侵蚀而濒临崩溃现象的普遍日益司空见惯之共犯的事实。此外，这样的设计思路也使建筑沦为商品，或言产品。

58

在《空间的生产》中，列斐伏尔号召人们关注“表征”（representation）这一问题：即在何种意义上而言，事物的图像在最佳情况下只能片面反映该事物，而在最坏情况下却只能隐瞒真相并欺骗观者。尽管建筑师不能不进行表现（represent），但列斐伏尔对于用图像表现世界之有效性的质疑却至少可以促使前者意识到该问题值得反思并进而加以关注，而这里反思和关注的对象均应在于图纸（或其他建筑图像）向实物转化过程中必然会发生的不可忽视的转译；此外，还为提醒建筑专业学生和执业建筑师们警惕自己创作的图像所蕴含的诱骗性，因这种诱骗性其会助长他们关于自己作品之价值的无根据自信。对视像表现（visual representation）之问题的关注，也能够使人们注意到倚仗此类“信息”可在所谓的专业技能与日常生活或实际生活经验——其永无法为图纸或其他任何表现手段所预测（或捕捉）——之间造成断裂。以此而论，列斐伏尔甚至声称“图像是致命的。”[37]97

“作为商品的城市：计算机模拟未来？”
英国纽卡斯尔，在建建筑的计算机生成图像

59 克服笛卡儿逻辑

列斐伏尔《空间的生产》一书最重要的目标之一，是挑战“几何空间”及空间为“无物之域”的观念。列斐伏尔认为，正是在笛卡儿以及“笛卡儿逻辑”（Cartesian logic）之绝对主义倾向的影响下，空间无物才成为了主流观念。[37]1 此类空间观的局限性在于，其主张的“空间概念”主要是“数学的”，因此必然会使对“社会空间”的考量显得“怪异”。[37]1 建筑界普遍从几何或数学角度理解空间，而以为其中无物，这便会导致这样一种观念的盛行：建筑是一种为供人审美欣赏而被放置于空间中的自主（autonomous）物体。尽管也有将建筑和城市理解为社会关怀形式观念的情况，但抽象的、数学的疏离态度却会令人忘记城市建构的核心任务实应为创造社会空间。

从对“空间无物”这一观念的诘问出发，列斐伏尔进一步指出，数学理论本质上的抽象性质贬低了人之官能对于理解世界与现象的价值，从而切断了对自然（也即真实世界）的经验性把握与同自然本身之间的联系。据他所言，空间无物这一观念使人们不再对空间进行类似于古希腊哲学家亚里士多德（前 384- 前 322 年）的那种哲学思考，并转而投向一种“空间科学”（science of space），而后者则会将空间，以及社会生活逐渐开展于空间之中的观念——从时间那里割裂开来。[37]2-3 简言之，列斐伏尔的替代性探寻旨在以空间之特性为基础对其进行定义，并弥合“理论（认识论）与实践，心理与社会，哲人空间与实务者空间之间的裂痕。”[37]4 他指出，为了实现这一目标，首先必须恢复社会生活和社会实践在任何关于空间之探讨中的核心地位。不过，对空间的科学抽象不是列斐伏尔唯一的攻击对象，他认为技术官僚（technocrat）才是真正的问题所在，因为这类人倾向于通过理论性实践（theoretical practices）将此类抽象化应用于社会领域。尽管列斐伏尔不相信抽象概念的“心理空间”与“实际生活经验”（lived experience）的“真实空间”（real space）真有可能分离，但对此种分离的尝试本身便会“使一种陈腐的‘共识’……更加深入人心。”[37]6

相比于对空间进行描述或“解读”（reading），列斐伏尔更感兴趣的是根据每种空间实践与其产生并应用时的主流生产方式的关系来构筑一部空间实践的发展史。通过这样的考察，他发现空间的生产在很大程度上取决于同时期的主流生产方式及其组织形式，即心理空间中相关观念的反映。例如，空间观念的抽象化与我们这个时代中大行其道的分裂现象——包括劳动分工，用途分类，理论脱离实践，

60

空间脱离时间等——均难脱干系，而建筑和城市空间则是对这种空间观念的具体反映。那种大行其道的视像导向所产生的异化效应正是此种现实的典型例证。[37]7-8

《空间的生产》一书满含看似荒谬，实则有理的发现，其中最振聋发聩的那些，就包括列斐伏尔所坚信的这样一种观点:“新资本主义”（neocapitalist）空间永无休止的分裂和脱离（这展现为一种趋向碎裂、分离和瓦解的大势）不表明“全面管控”（overall control）已偃旗息鼓，却反而是一种“为某个中心或某种集中化权力所控制的趋势。”[37]8-9“碎裂、分裂与瓦解”不仅是“资本主义”和“统治阶级”之霸权（hegemonic）空间的特征，还是体制及体制内精英保有宰治地位，并试图“彻底”肃清“全球市场”中“矛盾”的主要手段之一 [列斐伏尔笔下的“霸权”，是指一个阶级、一类意识形态以及一种政治、社会和经济理念在社会中占据主导地位并压倒与其相左的其他理念。如果我们将“新资本主义”理解为“霸权”，那么由其生产体制中诞生的空间会将新资本主义价值观作为文化主流具现出来，因此成为“霸权空间”。反言之，若空间生产能够逃离或抵抗新资本主义文化主流的影响，产生的便会是“非霸权空间”（non-hegemonic space）]。[37]9-10,11在这样的情况下，“资本和资本主义会‘影响’与空间相关的实际问题，包括建筑兴建，投资分配以及全球劳动分工等。”[37]9-10 以此而论，碎片化的表象掩盖的，是一套以“借助瓦解了社会生活的分裂过程”方得以发挥作用的组织严密的管控体制。

人们从 20 世纪 60 年代开始承认高端现代主义建筑已然失败，自此之后建筑应保持政治和社会中立的观点便逐渐成为共识。然而，列斐伏尔坚决认为，空间并不中立，

61

而是那些参与塑造空间的主流意识形态的载体与喉舌。在当代现实中，对空间的塑造旨在使其抹杀差异并宣扬差异不可容忍，而此类空间的基础是物质在社会、政治和经济维度上的体制化，且在此过程中物质本身也被塑造成了主流意识形态的载体。而这样的主流意识形态表达又会反过来为塑造遍布各类空间（场所 / 项目）的那种所谓**真相**（truth）的观念添砖加瓦。然而，列斐伏尔确信，这样的现实永不会功成圆满，无懈可击。

在玩味列斐伏尔对主流意识形态，如新资本主义的空间化的批判时，若要尝试惯例化（institutionalize）其理论，如将其转化成关于生产某种特定空间或实现社会空间之某种特定基调的指南或配方，就必须解决这一难题：列斐伏尔批判的对象是权力：霸权，也即塑造空间的权力关系，以及体制化，而这为部分实现在他教诲之下设计出的环境的尝试带来了一系列困难。具体而言，要想建造或建构，就必须接触权力，这一状况几乎不可动摇。因此，向建筑师诠释列斐伏尔的难题，在于诠释之时不忽略他针对权力所作的各式各样的斗争——他将此描述为旨在确立“一种批判性、颠覆性的知识形式”，而这种“知识形式”是“在服务于权力的知识和拒绝认同权力的求知模式之间展开的斗争。”[37]10 当前在建筑界，此类颠覆性知识形式存在的可能性大体接近于零，但这不代表其永无产生之可能。而非霸权空间出现的可能性，正是列斐伏尔的关注点所在。他指出，他“关注的，是逻辑 - 认识论（logico-epistomological）的空间，是社会实践的空间，是感性现象（sensory phenomena）——包括想象的产物如探寻（projects）和推演（projections），符号和乌托邦等——所占据的空间”[37]12。在列斐伏尔看来，如果“能够开发出一种**关于他所尝试实现的那类空间的**真正统一的理论”，从本应统一却已分裂的空间考察——包括居住空间、城市空间和地域空间（从地区到全球）到建筑师、城市设计师，经济学家以及规划师等各类“专业”的原子化，以及先住宅、再城市、最后地区的上行工作方式“均将迎来终结”[37]12。

62 列斐伏尔批判的对象是权力：霸权，即塑造空间的权力关系；以及体制化，而这为部分实现在他教诲之下设计出的环境的尝试带来了一系列困难。

生产关系的表征

在列斐伏尔看来，“建筑，纪念物和艺术品”均为置于空间之中的“生产关系的表征”（Representation of the relations of Production），而这种表征明而无隐，则谓之“粗暴”。作为“生产关系的表征”，建筑、城市和公共空间同样是对“权力关系”进行容摄（subsumption）的具体表现。在列斐伏尔看来，**建筑**不大能算作空间，因为**空间容纳建筑**。这种想法能够帮助我们重拾这样一种观念：建筑应处于更广阔的领域之内，是更宏观问题的组成部分，且受到许多我们通常疏于虑及之因素的影响。尽管建筑和自然均是列斐伏尔的关注对象，但在他眼中，“空间”主要是“城市空间”（urban space）或“城市的空间”（space of the city），“空间的生产”也首要是**社会空间的生产**。[37]33

《空间的生产》一书以日常、空间实践和空间生产为重点分析对象，却又不以任何先入为主之见来看待它们。在列斐伏尔看来，这三者均来自既属于社会也造就了社会的惯常性（routine）实践。这三项分析对象共同构成了社会的表征，然而在三者发挥功用之前，这样的表征却无由谈起。以此而论，列斐伏尔的方法首先是一种分析模式，而非用于抵抗或挣脱束缚的工具。当然，其确实能够推动对束缚的抵抗和挣脱，而列斐伏尔对此显然也乐见其成。

列斐伏尔希望人们能够关注他所提出的两种概念间之区别：一是抽象的**空间的表征**（representations of space），二是**表征性空间**（representational space）。后者这是"通过实际生活所直接体验（directly lived）的空间"，且更重要的是，其"不遵守任何关于连贯性或一致性规则"。关注两者间区别的作用在于，其能够促使执业者——包括建筑师、城市设计师、规划师等——在项目开始时就认识到，他们所表现的空间，从个体建筑和空间到城市，甚至谈不上是对作品建成后用户实际生活之真实情况的粗略预估，而最多只是对作品蕴含可能性的幻想。而如能虑及于此，建筑师等专业人员或许便会真的想要去了解个人和群体到底是如何改造并利用空间的。

63

重拾社会视角

每当人们用风格或建筑师的天赋和艺术才华之类词语讨论建筑时，这样的讨论就已经离开了社会领域，而进入了抽象领域。这种话语模式会在使建筑"空洞化"的同时，将其置于资本主义生产——既包括"剩余价值崇拜"也包括"商品崇拜"——的束缚之下。简言之，关于风格的讨论只能再生产（reproduce）思想贫乏（vacuity）、言已无物其用更少的新自由主义式崇奉。传统建筑话语对建筑的考察，采取的态度是"上不顾更广阔的空间和社会领域，下不管真实存在的血肉之躯”。将建筑构想（想象为抽象概念）和感知（视觉观察）为远处的某个物体，必然会忽视其具有的社会性和产出性（productive）（通过实际生活直接体验或经验的）层面。这样一来，一方面，调整建筑以求契合个人与群体生活体验的依据的社会生活会遭到忽略或摒弃；而另一方面，人们几乎乃至完全不会虑及建筑是对“主流生产方式”的生产（或再生产）这一事实。依照看待流通于“艺术”市场的物件（也即除了作为投资对象之外“无用”或言没有“功能”的东西）的标准来理解建筑和城市，可能会使二者由**使用物（objects of use）**变为**交换物**（items of exchange），从而既会当场彻底抹消它们的社会内涵，也会吊诡地使它们失去成为**作品（works）**（意义类似于“伟大的艺术作品”中的“作品”）的资格，而沦为**产品（products）**（用列斐伏尔的话说）。

生产方式的改变必然会带来新的空间组织结构。以此而论，我们可以将空间称为一类生产。这类生产由生产方式所产生和塑造，因此其性质也在很大程度上由生产方式所决定。举例而言，依据工厂生产逻辑——包括生产线，专业化，劳动分工等——所生产的空间组织结构是很多工业化城市和后工业化城市的标志，甚至一些工业生产从未占据主导地位的城市也是如此。

64

列斐伏尔指出，“都市圈”（urban sphere）或言“城市及其延伸地带”面临的“空间难题”，已经取代了“工业化难题”。[37]89 如上文提到过的，每当他谈到“城市”（the city），指的均是任何具体城市的历史中心，而“延伸地带”（extensions）则指现代化区域及郊区——以自19世纪后半叶起发展起来的一批为代表。[37]89 需要注意的是，关于**日常生活**，列斐伏尔与地理学家及其他一些人的看法不同。在后者眼中，“日常生活”目前已成为大众利益的代表；而在前者看来，其无异于一种“精心编排过的消费活动”（programmed consumption），是官僚主义组织结构大行其道之处，并可展现体制以资本主义生产分工和国家需求为名所施加的影响。然而，“日常生活”也可能成为对官僚主义式组织结构、资本主义生产分工和国家需求进行抵抗的场所。[37]89 以此而论，对于那些看似能够“放诸四海而皆准、推诸百世而不悖”的社会进程与空间实践，“日常生活”正具有颠覆的潜力。

列斐伏尔通过《空间的生产》构建一种“空间的科学”的目标之所以难以实现，原因可谓多种多样。但其中最主要的一项在于人们普遍倾向于去“描述”或“拆解”空间，而非将空间作为整体或从生产的角度进行分析。[37]90-91 列斐伏尔认为，此种倾向事实上会在观念上和实践中均造成空间的碎片化，对此任何现代城市都是现成的例证。这种状况之所以似乎并未招致广泛质疑，是因为其契合于当代社会环境中根深蒂固的分裂现象——尤其是资本主义固有的那些分裂形式——例如当前对于专业化（其甚至展现为“跨学科化”之面目）的普遍狂热。用分裂性方法去理解空间的另一个结果，是将其抽象化为所谓中立考察的对象，而这样的考察看重的不是“空间中的物体”，或因“无物”而空的空间。在列斐伏尔看来，此类“片面的表征方式”，会使任何试图深入理解空间的探索举步维艰，而要建构一种更为切实的“空间的科学”，必须“在空间中并通过空间”来“重新发现时间”，且尤其是重新发现“时间的生产”。[37]91

65

这里的言外之意对建筑师具有很大的启发意义，因其对建筑的专业化学科地位——如在某种程度上独立于城市规划或不受社会生活影响——发起了诘问。此外，列斐伏尔对那些妨碍了深入理解空间，也即空间的（社会）生产的因素所作的探询，也暴露了城市分区和房地产市场所产生的问题，而此类问题使得我们几无可能成功构建空间及其文脉可以共同构成复杂之统一体的统合性（integrated）城市。同时，列斐伏尔所持的立场也否定了将建筑孤立于其周边环境进行考察的习惯。与此截然相反，在他所提倡的思路中，单体建筑的周边地带参与了形成“更宏观的、这些建筑既身处其中亦参与创建和完善”的环境。以此看来，列斐伏尔非常重视建筑物之间的空间——如广场，街道等——而这尤其是因为它们是城市社会空间极为重要的组成部分。

人们对孤立看待单体建筑的执着现已成为常规，此种执着还带来了另一种同样容易将人引入歧途的倾向，即对“以超越狭隘的技术功能主义视角在社会维度上探讨**用途**（use）”的忽视。列斐伏尔的研究既已发现了这两点问题，就很难继续将建筑作品看成是自主的或如被孤立地放置于美术馆或博物馆之中的艺术品那般不承担社会使命的东西。进一步讲，若不将时间纳入考察对象之列，任何解读空间、建筑及人们对两者之生产与栖居的尝试都将无从谈起。[37]91 而这种根深蒂固的抽象化倾向，表现在建筑界的具体现象既包括积习已深地重视**客户**而非**社群**，也包括谈论**形式**较为容易，但在设计策略之外考察**内容**——社会意义和政治意义——却远更困难等。而最严重的是，建筑话语已变得形式主义化，只顾对脱离了伦理、经验和身体的审美泛泛而谈。

《空间的生产》可以看作一本空间史，却不仅如此。它同时也是一篇宣言，一部专论。该书最深具乌托邦意味之处在于，其中始终萦绕着对未来可能之出路的探寻。列斐伏尔用他高度成熟的批判历史（critical-historical）方法来观照栖居的性质，以及人们的欲望及意识形态，既是此二者之延伸，亦为它们所定义的姿态（gesture）与空间之中的具体展现。而此类观照，正是探寻出路的基础。在列斐伏尔看来，理解空间必须借助行动与事件，而不能仅对某些符号进行疏离的、抽象的、思辨性的解码来探询它们有何象征意义。

《空间的生产》可以看作一本空间史，却不仅如此。它同时也是一篇宣言，一部专论。该书最深具乌托邦意味之处在于，其中始终萦绕着对未来可能之出路的探寻。

契合于当前全球资本主义生产方式的抽象空间，其中所蕴含的可能性极其有限。在列斐伏尔看来，这样的可能性代表的“至多不过是一种技术乌托邦，即在现实中，也即在现存生产方式的框架下对未来或可能发生之事的某种计算机模拟。”[37]9 这一看法的要点在于，我们在当下的现状中所构想的可能性，会被技术乌托邦严重的局限性所束缚，于是至多也不过是某种形式的预报（prognostication），也即基于现状进行逻辑推演而得出的毫无新意的结论。列斐伏尔认为，此类技术乌托邦“不仅是许多科幻小说，也是各类空间项目，无论是建筑、城市设计还是社会规划的老生常谈。”[37]9 尽管如此，他并不认为“用一种消极的、批判性的空间乌托邦［或‘人’（man）的乌托邦、社会的乌托邦］去代替现已大行其道的技术乌托邦便已……足够。”[37]25 这是因为他认为“批判理论……

66

已到了日薄西山的境地”，因为“它的反抗能力已经不足以颠覆那些占据主导地位的现实因素。”[37]25 我认为列斐伏尔在此宣扬的观点契合于他一贯秉持的信念：**追求**（for）新出路要远比**反抗**（against）旧秩序更有前途。尽管他发现“改变生活的号召曾是在一种消极乌托邦的语境下……由诗人和哲学家首次提出，……但其现已落入公众（例如政治）领域”，并蜕化为“政治口号”。[37]59 技术乌托邦的盛行，以及生活方式之需求对消极乌托邦主义的容摄，使得当下甚至已无丝毫“一种新型空间实践得以——无论缓急——出现的”曙光，而“仅余退回理想之状态的关于改变生活的⑤想法”。列斐伏尔指出，“只要日常生活继续被抽象空间束缚于后者非常具体的规限之下”，这样的现状就无法改变[37]59：

> 只要进步仍仅为对细枝末节的技术改良（例如更高效的交通，或更好的福利设施），只要工作、休闲与居住空间之间的联系形式仍为政治权威的代理人及他们操纵的管控机制所垄断，对“改变生活”的探寻就只能是人们随一时之风潮随意取用或抛弃的政治口号。[37]59-60

列斐伏尔认为，当下摆在我们面前的，“一边是消极乌托邦”——这被他概括为“一种能在言辞和想法层面（如意识形态层面）发挥作用的空泛的批评理论”——“的深渊”，另一边则是“高度积极的技术乌托邦，也即社会工程与编排（social engineering and programming）之‘前景主义’（prospectivism）的领域”。理论思考处于在“消极乌托邦”和“技术乌托邦”之间无路可走的境地，在列斐伏尔看来，正是完成其探寻（project）并实现其目的的关键障碍：

> 通过寻找通往新型空间，也即（社会）生活新形式和生产之新方式的空间的前路，这项探寻有意勾连科学与乌托邦、现实与理想、理论构想与实际生活。通过对“可能”和“不可能”之间的辩证关系同时在客观和主观层面上进行探究，这项探寻试图弥合以上每组对象中两者间的矛盾。[37]60

68

文化主流必然会试图维持现有的政治、经济和社会情势，空间实践自亦不能免，而这对建筑师之意识与实践的束缚甚为严重。“在新资本主义治下”工作，意味着建筑师们必然会生产并再生产能够具现“日常现实（日常事务）与城市现实（在那些被指定用作工作，‘私人’生活和娱乐活动的场所间起联系作用的道路和网络）……之紧密联系”⑥的空间。[37]38 尽管这看上去足够合理，或只是实际现状的映射，然而新资本主义空间的再生产，会导致建筑师注定只能不断地使那些“由蔓延不绝的全球资本主义网络及其中的资本和商品流动”联在“一起”的“‘地方’彼此之间已然无以复加的孤立”愈发根深蒂固。[37]38 更具体地说，在这样的现状下，服务于社会生活的空间几无可能产生。

文化主流必然会试图维持现有的政治、经济和社会情势，空间实践自亦不能免，而这对建筑师之意识与实践的束缚甚为严重。

列斐伏尔认为，建筑师的工作方法与对宰治权威（dominant authority）之空间的再生产必然会密不可分：“社会的空间实践造就该社会的空间。”[37]38 这或许能佐证“建筑师决定空间实践”的看法，但此类看法已经被反复证

明并非实情，且今日比以往任何时候更为如此。政府、建

69 筑工业、商品市场——亦即资本流动——对空间的决定程度远非任何建筑师所能企及，而那些无处不在的购物中心和千篇一律的咖啡店即是这一情况的例证——在经济压力和同质性调控力量的制约下，它们均以框架幕墙等标准化建筑产品进行建造[⑦]。

所见皆重复

《空间的生产》一书，始终在将传统城市，尤其是锡耶纳[⑧]、佛罗伦萨、罗马等意大利城市作为更优案例与现状进行对比。列斐伏尔宣称："毋庸对现代城镇，包括它们的外围区域和新建筑的仔细观察，就能够明白它们处处皆千篇一律。"[37]75 这样的千篇一律反映的是抽象化和管控，此二者会导致建筑与城市之间一定程度的边界模糊逐渐成为普遍态势：

> "建筑"和"城市"两者之间——也即"宏观"与"微观"之间，建筑学与城市学之间，以及建筑师与城市规划师、设计师之间——尚算存在明显区别，却并未促进多样性程度的提高。与此相反，我们却遗憾地发现，满目所见的，皆是别出心裁的独创输给了依样葫芦的重复，人为与造作使自发与天然失去了存身之处。一言以蔽之：产品战胜了作品。[37]75

然而，独创输给重复，却非业务能力低下或想象力贫乏所致，而是建筑师和他们所服务的建筑工业对一系列实践不加反思地反复的必然结果："重复性空间"是（工人的）重复性动作（gestures）的产物，而产生重复性动作的，

则是那些既可被复制，本身亦是被设计出来用于复制的工具，比如机器、推土机、混凝土搅拌机、起重机、空气钻等等。[37]75

从表面上看，大行其道的重复可以将其视为想象力萎缩的结果，但这样的观点一方面仍是对专业技能之神秘性的暗暗支持，另一方面则忽视了这样的可能：正是将空间**看作产品**或规模经济生产的产物（既具有可复制性，且其最大的价值在于可作为交换物而流通）的观念抹杀了其使用价值。在这样的情况下，空间的可量化属性（quantifiable）压倒了其质化（qualitative）属性："这些空间本身是因同质物故而毫无区别，还是为了进行交换、购买和贩卖而必须把它们塑造为同质物，并使彼此间的差异只能体现在价格（以及体量和距离等）这样的量化指标之上？"无论我们相信导致了重复的是空间彼此固有的某种相似性，还是对身为产品之空间的必然要求，确定无疑的是，如今这样的"重复已经一统天下"。[37]75

70

列斐伏尔对"作品"和"产品"的区分能够帮助我们理解这种使空间成为产品的重复所带来的后果。在这里，"作品"类似于"艺术作品"，是独特的、不可复制的；而"产品"则可以通过重复性活动——类似于对用于交换或消费的标准化商品的生产活动——无限复制[37]70："这样的空间真的还能被称为'作品'吗？严格意义上来说，其无疑是一种产品：可以复制，且是重复性工作的产物。"[37]75 尽管"空间的生产"这一说法看起来只适用于基础设施建设和土方工程这类大规模改造土地的活动，列斐伏尔却指出，空间在较小的尺度上也可看作是被生产出来的——或言产品："即使是在那些规模小于高速公路干道、机场和市政工程的项目中，空间也毫无疑问是被生产出来的。"[37]75 而和可复

“可无限复制”
第六大道，美国纽约

制性、抽象性和可量化性一道，视像也在产品领域占据主导地位，有如包装设计对于兜售产品甚为重要：

> 此类空间的另一个重要特征是它们的视像特征愈发突出。它们的创造过程即伴随着可视性考量：包括人、物、空间本身以及它们可容纳之一切的可视性。可视化（visualization）[比景观化（spectacularization）更为重要，且总是包括景观化]的作用是隐藏的重复性。人们**“看”**（look）了，便以为能见（sight）和所见（seeing）即是生

71

活本身。我们建造，依据的是图纸和方案；而我们购买，则依据的是图像。[37]75-76

对瞬息万变的主流时尚风潮，建筑的外观及包装与广告宣传之间的联系进行综合考察，我们就会发现对视像因素的看重具有深远的负面意义："在西方传统中曾是可理解度（intelligibility）之代名词的能见和所见，现在成了一种陷阱，其导致的可能是在社会空间中以透明度为伪装的对多样性的冒充及对开化（enlightenment）和可理解度的扭曲。"[37]76 认识到透明度和展示行为（display）挂钩会带来对多样性的冒充这样一种现实，正是理解生产方式，交换价值和空间同质性之盛行这三者间联系之关键的第一步，而这第一步，也同时是在迈向通往新型空间实践的前路。

72

列斐伏尔对"作品"和"产品"的区分能够帮助我们理解这种使空间成为产品的重复所能带来的后果。在这里，"作品"类似于"艺术作品"，是独特的、不可复制的；而"产品"则可以通过重复性的活动无限复制。

空间符码

在列斐伏尔的词典中，"空间符码"（codes），指的是一种"空间体系"（system of space），而来自生产了特定空间的文化系统的人们可以借助这一体制来理解这些空间。尽管对当下是否存在这样一套符码没有十足把握，列斐伏尔却确信文艺复兴时期空间实践之符码的残余在今天仍依稀可辨。这样看来，"如果每套代表一种特定空间 / 社会实践的空间符码确实存在过，且每套符码与其对应的空间是一同被生产出来的，那么理论的任务便是去揭示它们曾如何产生，发挥了什么作用，又是如何消亡。”[37]17 列斐伏尔认为，发现并解读这些符码的意义，在于能够使我们将关注重心由这些“符码的形式要素”转向它们的“辩证特性”，从而“将符码视作一种实际存在的关系之组成部分”，也即“‘主体’（subjects）与其空间同周边环境之互动关系的组成部分”⑨。他还进一步指出，他对符码的研究，意在要“尝试追溯编码 / 解码活动的产生与消亡”，从而去“突显它们的内容，即在此考察的符码形式中固有的社会（空间）实践。”[37]18

73

或许有人会觉得，这样的研究正是建筑师的本职工作。然而在大多数情况下，建筑师因主要关注视像和形式因素，而使此类研究无法开展。不过这种情况是可以改变的。事实上，列斐伏尔对形成了空间符码的社会和空间实践中或可被解读之部分的关注，能够帮助建筑师们塑造另一种看待自己所承担的任务的方法。将解读空间符码作为工作的重心，未必会束缚建筑师们的创造力，反而能使他们再次回到对空间的社会层面进行踏实考察的道路上去。对于实现这一点，且鉴于列斐伏尔认为现代性（指 19 世纪及 20 世纪发展的产物）的内容本身就包括曾经普遍可解读之符码的崩解，文艺复兴时期的空间实践可谓极其重要：

> 如果我们可以说，在约自 16 世纪至 19 世纪的历史时期内，确实存在过一门以古典透视学和欧几里得几何空间为原理，以城乡和政治领域之特定关系为实践基础的含有符码的语言，那么这套符码是出于什么原因，又是以何种方式消亡的？我们是否应该尝试去重新建构这门曾为构成当时社会的各群体——包括使用者、居住者，

当权者及技术人员（建筑师、城市设计师、规划师）——所通用的语言？[37]17; 另见 [37]47

概括地说，对这一问题列斐伏尔自己的回答是“不应该”，而这一状况可谓不无令人惋惜之处，因为我们当下身处其中的碎片化的空间安排形式终究会妨碍我们去创造生机盎然到足以对抗官僚机构大行其道的抽象化效应的社会生活。当下的空间现状自是其来有渐，但这个渐变过程却不算太过漫长，历史提供的出路在今日还未完全失去可行性。

> 事实上，有一种空间曾在 1910 年前后分崩离析。这种空间是常识的空间、知识的空间、社会实践的空间、政治权力的空间。在那时之前，此种空间作为交流的环境与渠道，无论是在日常话语里，还是在抽象思维中，都一直享有着极高的地位；这种空间的原理，同样是古典透视与几何理论，其以古希腊传统（欧几里得几何学、逻辑学）为基础，自文艺复兴时期一路发展而来，并曾展现在西方艺术、哲学及城镇形态之中。[37]25

74

这段引文中一个有趣的地方，是列斐伏尔暗示，参与了塑造空间实践和具体空间之特征的各因素如“空间，心理和文化”均是相互依存的，而语言亦然。以此而论，这种自文艺复兴时期传承而来的空间的崩溃，必然以某种特定的意识及作为该意识之外在显现的特定空间的瓦解为前提。也即是说，该空间的崩溃，既由上述意识的瓦解所引起，也是这一瓦解过程的具体表现。

因此，这类空间的消亡或许令人感到遗憾，但我们已无法将其精确地尽复旧观。鉴于列斐伏尔宣称前现代城市可为优于当今的范本，那么其无法复原的现实即与此构成了一种悖论。然而，传统城市的那种更优良的空间在很长一段时期确实存在，曾以“习惯”为面目开展于这些空间的特定社会生活方式，在今天也并未完全消亡，这说明我们能够解开这一表面上的悖论：过去的形式不仅是怀旧的对象，还是依然具有生命力的对当下的批判（这是列斐伏尔思想的核心主题。对此在前文中我们稍有涉及，下一章则将进一步探讨）。

然而，列斐伏尔宣称，只有先承认传统城市空间已然消亡的事实，方有可能找到出路：“试图以构建一套批评理论为名义去摧毁这些符码为时已晚，这一事实并没有改变，而我们的任务，则是去描述已然尘埃落定之符码的崩解过程，评估这一过程产生的影响，并（或许）去构建一套新符码。”[37]26 同时，为了阐明他最初对空间符码抱有的疑问，

75

古罗马与 19 世纪罗马市的交叠
西斯都桥（1473–1479 年），自特拉斯提弗列区面向台伯河与历史中心拍摄⑩

列斐伏尔指出，尽管这些符码的可理解性是“逻辑上的必需”，但它们唯有在条件允许时方能“构成清晰易懂的整体”（coherent whole）。

> 人们通过实际生活体验的（lived）、构想的（conceived）和感知的（perceived）领域应当彼此互通，唯此“主体”（社会群体中的个人成员）方能在三者间自由行动，这是逻辑上的必需。但这三者却未必能构成清晰易懂的整体，且很可能仅在条件允许，也即一门通用语，一种共识和一套符码可得以确立时方能如此。[37]40

上文我们已经提过，列斐伏尔认为，西方城镇的这种“清晰易懂”形成于文艺复兴时期，并在其后的数百年间绵延不绝，直至 19 世纪工业化兴起，以及满足资本主义需求的新型空间实践出现后方始瓦解：

> 我们可以认为，在意大利文艺复兴时期和 19 世纪之间的西方城镇实可谓三生有幸，因为它们能够享有如此得天独厚的时势……托斯卡纳艺术家、建筑师和理论家以某种社会实践为基础开发出了一种空间的表征方法——透视法，而这种社会实践本身，即是……城乡关系所经历的一次历史转型的产物。[37]40-41

76

造就了文艺复兴城镇（这些城镇的建设大多数以“空间的表征”，也即透视法为基础）的社会实践的转型，也导致列斐伏尔所谓的“具有宗教渊源的表征性空间”在此时沦为了“象征性形象”（symbolic figures）。但他却宣称，“一脉相承自伊斯特拉坎⑪，经历了罗马帝国和基督教神权治下之漫长岁月的表征性空间”在文艺复兴时期依然“基本完整”。[37]40, 41 尽管这一古代社会空间得以留存颇足以令人惊叹，但我们却应注意到，对于透视法在创建文艺复兴城镇中所起的举足轻重的作用，列斐伏尔的态度实为褒贬兼具：

> 灭点及平行线可在“无限远处”相交的观念，是这样一种表征方法的决定因素：其既是思辨的，也是视像的，也即通过一种“可视化逻辑”使观看行为获得了至高无上的地位。经过长达数世纪的发展过程，该表征方法在如今成了名为线性透视法的**符码**，而在建筑和城市设计实践中被奉为圭臬。[37]41

相比往昔的举足轻重，线性透视法如今的地位似有所降低，然而这套“可视化逻辑”依然盛行于建筑与城市设计实践，以至于令人们忽视建筑与城市的社会层面，对此我们先前已经谈到。针对这一问题，列斐伏尔宣称意识形态需要空间，或用他的话来说：“一套意识形态若无一种它所代表的、所描述的、利用其中语汇与逻辑关系并具现其中符码的空间，又算是什么意识形态呢？”[37]44 依照这种标准，我们不难看到，现下流行的这种“为纠正高端现代建筑之傲慢的决定主义而认为将建筑概念化为某种空泛之物更为稳妥”的思潮，实为别有用心的自欺，而这是因为空间实践必然含有意识形态之符码。事实上，若说当前的建筑确为空泛之物，那么导致这种空洞的应是在更宏观层面上的务虚趋势，而非仅是意识形态的缺乏或想当然的自主性。更确切地说，社会与政治生活（以及被这种生活描述并规定了形式的建筑）缺乏某种意识形态，是普遍共识必然导致的结果。这样看来，放弃追求社会梦想（social dreaming）的建筑并未真正实现自主，反而成了一种试图扼杀替代性空间出现之可能性的文化的帮凶。而这样的帮

77

凶式空间，也参与了对那套组织日常生活的、大行其道的主流信仰体系——其通常空泛无物——的再生产。于是列斐伏尔发现，重新建构一套空间符码，是新型空间及随之而来新生活产生的必要前提。

重新建构一套空间“符码”，即一门在实践和理论，以及居住者、建筑师和科学家间均可通用的语言从实践的角度而言或已为当务之急。这套符码的首要功能是重新统合已被割裂的那些要素，从而打破私人与公共之间的障壁，并厘清空间中存在着的那些彼此间于当下尚难以区分的融合与对立关系。[37]64

我们不难看到，现下流行的这种“为纠正高端现代建筑之傲慢的决定主义而认为将建筑概念化为某种空泛之物更为稳妥”的思潮，实为别有用心的自欺，而这是因为空间实践必然含有意识形态之符码。

列斐伏尔认为，城市空间碎片化与资本主义分裂效应的关联并非巧合，且事实上具有必然性。以此而论，要找到空间和生活之现状的真正出路，就必须重新“统一已然分崩离析的诸因素。”[37]64 而能够促成这一点的新符码：

将因此使那些为现存空间实践和作为这类实践之基础的意识形态所割裂的层级（levels）和概念（terms）——包括“微观”或言建筑层级与城市设计师、政治家与规划师工作的“宏观”层级、日常领域与城市领域、内与外、工作与业余（节日）、长久与短暂，等等——统一起来。[37]64

78

将这些当前被僵硬地割裂在二元对立关系之中的概念统一起来，绝非要抹杀它们彼此之间的差异，而是旨在创立一套新符码，而在这样的符码中，社会和空间中看似截然对立的各方可以求同存异。

> 因此，这套符码同时包括看似水火不容之概念间的明显对立［纵聚合（paradigmatic）要素］，以及处于政治管控之下、看似整齐划一的大尺度空间中潜藏的逻辑关系［横组合（syntagmatic）因素］。在这样的意义上，我们或可谓此种符码有助于逆转如今的大势，并因此有益于这场高屋建瓴的探寻（project）。[37]64

在列斐伏尔的构想中，这套符码并非某种实践的手段或具体模式，而是一种可以对复兴的和谐统一进行构想与表达的途径，而这一用途的重要性，并不亚于其对概念之间在表象上之对立的调和。以此而论，这套新符码必须紧跟实践，既时刻与具体现实紧密相连，亦避免沦为某种抽象思辨：

> 然而，重要的是不能将这套符码误认为实践本身。因此，对一门语言的探寻在任何情况下都不能自绝于实践或实践引起的变革（如日新月异的世界大势）。[37]64-65

79 实践，也即具体实际是列斐伏尔的思考始终无法逃脱的语境，也正因此，他所能清晰界定的最早的空间符码，令人毫不意外地来自公元前 1 世纪罗马建筑师马库斯·维特鲁威·波里奥（通称维特鲁威）的《建筑十书》：

> 实事求是地说，这种统一的符码的首次成形是在古典时期（antiquity），或更确切地说，可追溯至维特鲁威。从这位罗马建筑师的作品中可以看到，他曾不厌其烦地尝试在当时特定的空间实践——作为在城市工作的建筑师，

他对这种实践知之甚深——之语境下，逐字逐句地确立一套话语体系，来阐明社会生活各种要素间的联系。[37]270

尽管对他所谓维特鲁威的“空间符号学专论”的完备性颇为叹服，列斐伏尔也同时指出了其中的一处明显缺憾：“在维特鲁威笔下，城市之亦有亦无（absence/presence）表现得极为明显。说它‘有’，是因为维特鲁威探询的问题均与城市相关；而说他‘无’，是因为维特鲁威从未直接以城市为探询对象。”[37]271 然而，我们在此尤需理解的是，维特鲁威未将城市作为明确主题进行探询，与其说是疏忽所致，倒不如说是来自城乡联系自城市形成以来始终较为紧密的现实。而直至中世纪末期，城镇方始“作为一种统一实体或**主题**（subject）出现。”[37]271 看似难以置信但确为实情的是，正是在这一时期，“文艺复兴城镇将自身连同其辖下区域一并看作一个和谐整体，也即为一种能够沟通天人之际的有机媒介。”[37]271 然而，在19世纪末，如今普遍被看作彼此对立的天人之间的这种几乎可谓乌托邦式的和谐统一，却因“工业化的冲击”和“国家的崛起”而分崩离析。[37]272

空间实践、空间的表征与表征性空间

将空间视作产品——在我们的印象中，产品通常是某种有形、具体之物——看似与我们的观念相悖，这尤其是因为我们一般将空间理解为某种无限之物或抽象概念。然而，列斐伏尔采取这一思路的用意，在于揭示特定文化的空间在何种程度上作为该文化的特有空间实践之产品而存在，以及这样的实践与该社会的生产方式密不可分到了何

80

等地步。从这一点出发，空间确实可以被看作一种有形的、可被生产或再生产的产品。对于将空间视作产品，列斐伏尔作了如下解释：

> 每种社会，也即每种生产方式……均在生产空间，它自己的空间。对于古代城市，我们不能将它们理解为仅是空间中“人和物”的集合，也不能仅凭一些关于空间的记录与论述来想象它们的样子。……这是因为古代城市有其自己的空间实践，也即是说，它们造就了自己的空间，或言对空间进行了利用改造（appropriated）。因此，研究这样的空间，需要根据这一包括产生与形式、具体的时代与时间观念（日常生活节奏）、特有的城镇中心与多中心主义观念（polycentrism）（包括集会所、神庙、竞技场等）的情况对其进行研究。大略来说，每种社会均包含其特有的、可作为分析与整体性理论阐释之“对象”的空间。而这里的所谓“每种社会”，更确切的用词是“每种生产方式及其特定生产关系”。[37]31

列斐伏尔在这里强调的是，尽管人们最初会将空间概念化为抽象物，但空间具有取决于其产生之时之地的相关特征，并与“特定生产关系”紧密相连。[37]31 另外，他也将特定生产方式与特定社会紧密地联系起来。对于那些将空间看作空洞、无限之物而非人与物之改造对象和生活环境的观念，他在此通过将空间进行场所化（localize）直接予以了驳斥。以此而论，列斐伏尔描绘的空间归根结底属于“社会空间”，也即生产活动的、生产关系的，以及个体与群体生活于其中的空间：“在现实中，社会空间‘以’社会行动（social actions）‘为其**有机组成部分**（incorporates）’，而在这里，社会行动指的是那些生于斯、死于斯、受苦于斯并反抗于斯的身为主体之个人和群体的活动。”[37]33

列斐伏尔采取这一思路的用意，在于揭示特定的文化空间在何种程度上作为该文化的独特空间实践之产品而存在，以及这样的实践与该社会的生产方式密不可分到何等地步。 81

社会空间及对其的理解主要有三种形式，这被列斐伏尔分别称为“空间实践”（spatial practice）、“空间的表征”（representations of space）和“表征性空间”（representational spaces）。根据列斐伏尔的定义，“空间实践……包括每种社会形态（social formation）特有的生产和再生产活动，以及各类的场所与空间。”他以此指出，“空间实践”能够确保“连续性和‘**社会与空间**’在某种程度上的统一性。”[37]33 这里的统一性至关重要，因为其相对于“社会空间以及任意社会中每个成员与社会空间之关系”而言，都暗示着对于“改造利用空间”，“社会成员”具有必要**能力**（competence），且会进行具体**行动**（performance）。[37]33⑫ 列斐伏尔指出，空间实践是一种“人们先于实际生活中进行，而后才加以概念化”的社会实践形式，而他以此提醒读者，他关注的是具体实际和实践，而非抽象或理论观念。然而，在“**空间实践**”这种通过实际生活进行的社会实践中，“对社会关系的再生产居于主导地位。”[37]50 如果我们甘于认同这一点，那么就只能退回到对“摆脱只能再生产现状的处境何等艰难”——即使那些看似最为激进的建筑和城市设计亦莫能外——的讨论中去。

古罗马的“空间实践”主要表现为两种形式。第一种是“将城市（urbs）与其管辖的乡村连接起来的、军用和民用的罗马大道⑬。这些道路使得城市（即共和国政府⑭）作为政治中心的权威能够深入乡村地带（orbis terrarium）的核心”。第二种则是“帝国的大道需在其中通过方能自城市延伸到乡村的城门。其标志着隔断城市与其治下领土的神圣不可侵犯的城墙（enciente），并控制着出入之路的启闭”。而在与作为罗马管控之象征的道路和城门相对的政治天平的另一端，“也即根据律法，以及关于产权的同一套法则（principles）⑮的规定位于‘政治’社会之核心地带的，是属于‘私人’生活的一端，我们可以找到应对人们明确需求的罗马住宅。”[37]245 简言之，古罗马的空间实践产生的是对罗马统治的清晰表达，对罗马人和非罗马人的区分，以及可与统治活动抗衡的私人生活。

82

据列斐伏尔的定义，“空间的表征……与生产关系及其施加的‘秩序’（order）——因此也与知识、标识、符码和那些‘明面上的’（frontal）关系——密不可分。”[37]33 说得更清楚些，“空间的表征”是“概念化的空间，也即科学家、规划师、城市设计师、负责划定建筑用地的技术官员和社会工程师的空间，而这类人均类似于某种具有科学倾向的艺术家，他们均根据构想的（conceived）空间来定义通过实际生活体验的（lived）和感知的（perceived）空间。”[37]38 简言之，“空间的表征”就是通过实际生活所体验之空间的抽象化和思辨化（intellectualization）。这样的空间会试图对具体经验（concrete experience）进行符码化——或将其简化为某种可轻易解读的标识（signs）——从而使经验失去生命力。根据列斐伏尔的观点并鉴于“抽象化”的大行其道，“这正是在所有社会（或言生产方式）占据主导地位的空间，”因为“被表征的空间

中所确立的那套人与对象的关系”反映的是占据主导地位之社会（空间）实践的分工。[37]39、41

列斐伏尔发现，“空间的表征”是生产者，例如建筑师等人的专业领域，而此类生产者意在生产这样的一类空间：其以一种受特定时地之“生产关系”制约的特定意识形态为标志。[37]42, 43, 46, 77 如果负责进行此类空间生产的专业人员以表征并建造抽象空间为务，那么他们自称意在生产的空间，会与最后生产出来并为人们实际生活于其间的空间会普遍判然有别，此实可谓不足为奇。而这种情况也能初步阐明是什么在导致现代空间如此大规模地失败——这些空间使得它们所自而出的前现代空间的分崩离析反复上演。

我们需要记住，尽管列斐伏尔探讨的“空间的表征”（representations）不可避免地也包括建筑表现（representations）在内，但他主要意在指出的却是：在任何一个特定时期，也即在任何特定环境中，均有一种主流空间表征形式在被广泛采用，而这种形式会在很大程度决定该环境（包括社会、政治和经济环境）中的空间生产。[37]38-47 举例来说，列斐伏尔认为在古罗马时期，空间表征的主流形式一方面“在乡村与城市中是圆形的，也包括一些对圆形的扩展和暗示形式（如拱券）”，而另一方面表现在“军营中。这里有严格的网格规划、垂直相交的战斧、南北（cardo）和东西轴线（decumanus）等，这代表的是一种独立的、防卫森严的封闭空间。”[37]245

列斐伏尔宣称，作为其空间三元论之最后一元的“表征性空间”，具现的是“与社会生活之台面下的部分以及艺术（或许在将来人们会用‘表征性空间之符码’代替‘空间符码’来对艺术进行定义）密切相关的，或经过未经符码化的复杂的象征意涵，”[37]33 而有时宗教空间也符合这样的描述。列斐伏尔指出，表征性空间是：

> 以其形象和符号为媒介而为人们在实际生活中所直接体验的空间，由此是“栖居者”和“用户”的空间，但同时也是某些艺术家的空间，或许还是那些从事并仅志在从事描述活动的人们，比如部分作家和哲学家的空间。其处于被宰治的地位，因此是人们被动体验的空间，也是想象活动试图改造利用的对象。其附着于物质空间的表面，并也将象征功能赋予物质空间内的物体。[37]39

为了说得更清楚些，列斐伏尔继续写道：“我们可以说，表征性空间……更接近于某种尚算清晰易懂的（coherent）非言语（non-verbal）符号和标识体系。”[37]39 这样的空间“具有显著的想象性和象征性要素”，而这些要素均“在历史，也即在特定人群的及组成该人群的所有个体的历史中有其渊源。”[37]41

根据列斐伏尔的解释，“表征性空间”在村落和城市中，是主要服务于居民（而非国家）的、象征意涵最为特出的空间：“表征性空间……决定了周边地区关注的焦点：如乡村中的教堂、墓地、村公所和田地，或城镇中的广场和钟楼等。这样的空间是对人们宇宙观念的具体诠释，而有时这种诠释的贴切程度令人惊叹。”[37]45 因此，这些空间于魔术（或许更准确的用词是神秘）与质化，而非科学或量化层面发挥功用。继续以罗马为例，列斐伏尔解释道，“表征性空间”具有“双重内涵”，其中一方面是“男性（masculine）法则，包括军事、威权和法律，其占据支配地位”；另一方面是“女性（feminine）法则。其虽未被否定，但却被融合于‘男性法则规定的秩序之内’，并强埋入

84

地中的‘深坑’（abyss）——也即播撒种子、埋葬死者之处，或谓‘世界’（world）之处”[16]。在这样的空间结构中，代表死亡的（chthonian）女性法则相对于代表生殖的（priapic）的男性法则并与之互相抗衡，由此既是对世界的净化，也可保证其能够新生。尽管在现代人眼中，这种观念不甚理性，然而男性和女性法则之空间分别的存在却是对特定宇宙平衡观念的具体反映。总而言之，列斐伏尔笔下“所感知的（perceived）、所构想的（conceived）和‘直接’通过实际生活体验（lived）的，‘或言经验的’”三种空间，分别对应于“空间实践”“空间的表征”和“表征性空间”。[37]40, 246

“代表死亡的女性法则与代表生殖的男性法则之平衡”
古罗马广场[17]，意大利罗马

85 对体制的反抗

列斐伏尔此项研究的目标，既非创立能够“针对空间本身”的操作性理论（operative theory），也非构建易于工具化的“关于各种空间的范本、分类或原型”，而是要提供“对空间之生产的展示”。[37]404 由于他对体制构建（确立一套放之四海而皆准的现实解读网络）归根结底持否定态度——他将其视为权力或言抽象化和简化论的直接表达；也因此，他必然不会提出具体的（可假定是改善性的）成果形式。急于知晓如何将理论应用于具体工作或至少用来辅助设计任务的建筑师或许会对此感到失望，这种心情固然可以理解，但正因为列斐伏尔不愿意给出具体解答，其思想才具有经久不衰的生成力。关于列斐伏尔所支持的优于现状的替代性探寻（counter-projects）、替代性方案（counter-proposals）和替代性空间（counter-spaces），它们的思维框架与基调的基本原则和要旨已为他所清晰阐明。然而，对具体解决方案的寻求则依然是个人和社群的任务。简言之，这一任务在于如何能由“空间的问题”（problematic）出发，进而迈向“空间实践”。[37]414

> 由于他对体制构建（确立一套放之四海而皆准的现实解读网络）归根结底持否定态度——他将其视为权力、抽象化和简化论的直接表达；也因此，他必然不会提出具体的（可假定是改善性的）成果形式。

列斐伏尔支持的替代性手段所颠覆的，一方面是包括

86 影像与图形的“视像领域占据至高地位”，另一方面则是

"作为抽象空间主要特征之一的男性生殖（军事的、英雄的）法则。"[37]408 在他看来，他批判的空间在滥用"直线、直角和严格（也即直线）透视法"，这彰显了"某些男性特征"，而此类特征"会使这种空间占据主导地位"，从而"普遍带来惨重损失。"[37]410 然而，列斐伏尔也迅速指出，构建并实现替代性方案并非易事：

> 对于替代性方案所需跨越的种种障碍，我们可以在此一一列出，而其中最棘手的一项在于：一方：权力所在方拥有各式各样的极大量，说到底是全世界的资源和策略，而对抗此等力量的另一方，不过是中等或小区范围内有限的知识占有量和参与人员。但尽管如此，势在必行的创新只有从现存方案和替代性方案，以及现有探寻和替代性探寻间的碰撞中方能产生［但我们不应认为这样的碰撞能够免于对根深蒂固之政治权力的暴虐给予**以牙还牙的（in kind）**回击］。[37]419

在这里，我们又看到了列斐伏尔的乐观态度，这展现在他这样的信念之中：只有直面"现存方案和替代性方案，以及现有探寻和替代性探寻间碰撞"的现实，我们方可构筑能够超越现实并摆脱支配的方案。这使得列斐伏尔既避免了塔夫里所描述的绝境（前面的章节曾论及于此），又不至于如建筑批评家科林·罗⑱和许多当代执业者所提倡的那样，万般无奈地倒向形式主义（也即沉溺于脱离社会和政治语境而对所谓自主的视像和空间形式进行构想）的阵营。

然而，列斐伏尔支持的那类替代性方案和探寻，恐怕不会为建筑师、规划师和开发商们所喜闻乐见，因为它们必然要求一种"基于'利益相关各方'（interested parties）之长期参与的空间，‘包括领土单位、城镇、城市社区、地区’等集体所有制与‘自我’[19]管理体制。而所涉各方具有多种多样、甚至彼此矛盾的利益考量，故必会招致冲突。”[37]416, 422 同理，在列斐伏尔研究成果的基础上可能提出的替代性探寻也会有这样一种倾向：

87

> 克服孤立与分裂，这里尤指**作品**［独一无二，因其为带有“主体”（创作者或艺术家）和某个特殊的、不可重复的瞬间之印记的客体］和产品（可重复，因其为重复性动作的产物，因此可被再生产，并且最终能够实现社会关系的自动再生产）间的孤立与分裂。[37]422

在这个由“品牌”和“图标”构成的话语体系所主导、尤其是在人们对建筑和城市（甚至还有自身）的讨论——的边界中，**独创性**（originality）理念会引起这样一种吊诡的矛盾：看似为作品的东西会因具有“品牌效应”（brand recognition）而被大众认定为“图标”，于是迅速沦为产品。归根结底而言，**可复制性**（reproducibility）抹杀了真正的**独特性**（uniqueness）。许多具有高辨识度的建筑师，如圣地亚哥·卡拉特拉瓦[20]、诺曼·福斯特[21]、丹尼尔·里伯斯金[22]等，他们的大量作品均可作为此种矛盾的例证。而列斐伏尔的替代性探寻不仅能够否定并超越此类“品牌”和“图标”的逻辑，亦可突破此类思考模式强加于建筑之使命上的概念局限（其表现为话语局限）。

在这个由“品牌”和“图标”构成的话语系统所主导、尤其是在人们对建筑和城市（甚至还有自身）的讨论——的世界中，独创性理念会引起这样一种吊诡的矛盾：看似为作品的东西会因具有“品牌效应”而被大众认定为“图标”，于是迅速沦为产品。

88

圣盖茨黑德音乐中心（1997-2004年）[23]，英国盖茨黑德
福斯特建筑事务所设计

如之前所论及的，列斐伏尔的替代性探寻蕴含着一种具有乌托邦意味的反抗精神。本书之所以要对列斐伏尔思想的乌托邦倾向进行反复申明，是为了驳斥那种今天依然存在的，以视拒斥乌托邦为明智之举的判断为“已盖棺论定”并无须另加斟酌的态度。接受此类观念，一样有使列斐伏尔思想失效的危险。在《空间的生产》近结尾处，列斐伏尔重申，其探寻无可否认是乌托邦式的：

在视线尽头，或言在可能性之国度的最遥远边界上，等待着我们的任务，是去建构属于人类的空间——一种人类集体创作的、同时也适用于全人类的作品。而建构所依据的范本，则是曾被我们称为“艺术”的东西。当然，我们现在还在使用“艺术”这个称谓，然而对于由个体之手且因个体的要求而被孤立的“对象”而言，这个词没有任何意义。[37]422

89 若能仔细品味列斐伏尔对艺术的替代性描述（counter-description）——即其为一种对个人而言意义重大的非商品化的**作品**——当可发现其颇值得进一步挖掘，尤其是鉴于他认为“属于人类的空间”应以此种艺术为范本进行创建之时。他对于这种可能性位于“视线尽头，或言可能性之国度的最遥远边界上”的断言甚至更有意思，这里指的若非乌托邦，还能是什么呢？[37]422

创造（或言生产）一种为革新的日常生活之基础的、将全世界均包含在内的空间，可以开辟无数可能性，比如目前在遥远的地平线上已然依稀可见的那缕曙光。而这缕曙光，也曾映入那些伟大的乌托邦者的眼帘（他们曾经向我们展示切实可行的可能性，我们却未必曾准确地称他们为乌托邦者），包括傅立叶㉔、马克思和恩格斯。他们的梦想与想象对于理论探索所具有的振聋发聩的意义，绝不逊色于他们提出的那些理论概念。[37]422-423

然而，这里的乌托邦，既非那种通常被认为是现代主义建筑运动失败之罪魁祸首的、自上而下强加的一刀切式的乌托邦蓝图（除了在最消极的意义上，此种蓝图中蕴含的乌托邦成分，无论从哪个角度来看都极为可疑），也非某种天方夜谭或看似光鲜亮丽实则并非可行的海市蜃楼，而是关于切实可行之探寻（project）的乌托邦。此类探寻的产生（或对已有探寻的改良）有赖于某种“导向”（orientation）而非“体制”（system）:

> 我在这里用导向这个词是深思熟虑的结果，舍此则无法精确描述我们的追求。这种导向或可被称为某种“感觉”（sense），它是进行感知的（perceives）官能，是构想所得的（conceived）方向，是通过实际生活直接践履的（directly lived）通往远方的征程。我们追求的事物，绝非某种体制。[37]423

这段引文的最后一句极为重要：我们应不惜一切代价避免体制构建，因为其既以所谓的目的论逻辑为基础，就必然具有简化论意味，且会加剧异化。总之，《空间的生产》一书的全部内容，主要是关于一种分析方法和对其的展示。其揭示的是，常被人们认为是彼此孤立的、甚至几乎水火不容的**形式**和**内容**事实上能够统一起来的事实。若说该书的内容是在质疑体制构建所需的那种抽象、简化的现实表现方法，其具体的论述方式或形式则始终在反抗对列斐伏尔思想的浅表体制化。浅表的乌托邦本身会要求简化论的简单粗暴，而旨在变革的乌托邦却绝不能方法化（methodization）为某种简化体制。 90

译者注释

① 针对空间（apropos of space），为本书引用时略去，中译文则据原文（[37]24）补出。

② 此段引文与原文略有不同，中译文以原文（[37]64-65）为据。段首方括号为本书作者所加。

③ 此段引文省略较多。为求中文通顺，中译文据原文（[37]399）略加增补。

④ 本章正文中，“该书”一词一律代指《空间的生产》（[37]）一书。

⑤ 此处括号及其中内容为译者所加。

⑥ 本书此句逻辑与列斐伏尔原文（[37]38）略有不同，译文据原文进行。

⑦ 本书此句疑有排印错误，姑据句意试译之，未必合作者原意。

⑧ 锡耶纳（Siena），意大利历史名城，为托斯卡纳大区锡耶纳省（Provincia di Siena）省会，其老城区于 1995 年被列入联合国教科文组织世界文化遗产。

⑨ 此处作者论述与列斐伏尔的原文（[37]17-18）逻辑有一定出入，中译文从列斐伏尔原文。

⑩ 西斯都桥（Ponte Sisto），架设在台伯河（Fiume Tevere，意大利第三长河，自北向南经罗马流入地中海）上，位于意大利罗马历史中心（Centro Storico），由文艺复兴时期意大利建筑师巴齐奥·蓬泰利（Baccio Pontelli，约 1450-1492 年）所设计，修建于 1473-1479 年。此处作者描述不确切，因西斯都桥东北端的特拉斯提弗列区（Trastevere，罗马第 13 区）和西南端的雷格拉区（Regola，罗马第 7 区）均属于罗马历史中心，即旧城区。

⑪ 伊特鲁里亚文明（Etruscan civilization），约于公元前 900 年发源于意大利的文明，而至公元前 90 年罗马帝国建立而湮灭，其核心地带大致包括现意大利托斯卡纳大区、翁布里亚大区（Umbria）西部和拉齐奥大区（Lazio）北部，其在宗教、建筑、音乐、美术、文学等领域留下了丰富的文化遗产，一般被视作古希腊、罗马文明（某种程度上亦即西方文明）的滥觞。

⑫ 原书此处是对前文论述的概括，仅有只言片语，而语意极为晦涩，故译者为求通顺，据原书内容稍加增补。另，此处“能力”（competence）和“行为”（performance）（国内通常译作“表现”，但在此处稍欠通顺）两词据列斐伏尔自注（[37]33），为美国 20 世纪语言学家诺姆·乔姆斯基（Avram Noam Chomsky, 1928 年 - ）所用术语。前者指人们心理结构中含有的理想化的（语言）能力，后者指实际（使用语言的）行动或表现。需要注意的是，列斐伏尔指出，对这两个术语的引用“完全不意味着空间理论为语言学的分支”（[37]33）。

⑬ 罗马大道（Roman roads，拉丁文：via e Romanae），于公元前 300 年前后开始修建的罗马共和国和帝国的道路网络，全长超过 8 万公里。其对于巩固罗马帝国的统治起到了极为重要的作用。

⑭ 原文为“as people and as Senate”，指元老院与罗马人民（The Roman Senate and People，拉丁文：Senātus Populusque Rōmānus），即罗马共和国政府。

⑮ 法则（principles），据列斐伏尔的论述，罗马的空间规划（或言空间实践）以一套男性 / 父系（masculine/paternal）法则为依据，该套法则包括律法，政治和军事内容。根据这套法则，“君父（Pater-Rex）并非被动地接受世界，

而是根据自己的权力，包括家长权与财产权对其进行重新组织”，将其“所处的空间重新建构为权力空间”（[37]243）。故产业权的相关规定亦属于这套规则，如此私人住宅亦为此类“权力空间”。

⑯ 根据列斐伏尔原文，在希腊城邦时期，人们会在城中开掘灰坑，用以集中倾倒垃圾，掩埋被处死的罪人和被抛弃的婴儿，后该习俗也为罗马帝国所继承。该灰坑被称为“mundus”，其在拉丁文中作为名词意指“世界、宇宙”，而作为形容词有“洁净的、纯净的”等含义。列斐伏尔认为，该灰坑——“世界的污秽处”（Mundus estimmundus）——因掘于作为万物生长之基础的大地之中，可以勾连明处的地上城市与暗处的地下深坑、污秽（倾倒垃圾之处）与洁净（作物生长之处）、新生（婴儿）与死亡、生机与毁灭、畏怖与崇敬，是社会中女性法则的表征性空间。

⑰ 古罗马广场（Foro Romano，或拉丁文：Forum Romanum），坐落于罗马市中心的方形广场，位于巴拉丁诺山（Collis Palatium）和卡比托里欧山（Collis Capitolinus）之间，曾为古罗马城的公共生活中心。

⑱ 科林·罗（Colin Rowe, 1920-1999 年），美籍英裔建筑历史学家、批评家、理论家，其研究领域主要包括城市规划、更新和设计等。其研究对 20 世纪后半叶全球建筑与城市产生了深远影响。

⑲ 引文主要来自 [37]416，单引号中内容引自 [37]422。

⑳ 圣地亚哥·卡拉特拉瓦（Santiago Calatrava Valls，1951 年 -），当代西班牙著名建筑师、结构工程师、雕塑家、画家。

㉑ 诺曼·福斯特（Sir Norman Robert Foster, 1935 年 -），当代英国著名建筑师，1999 年普利兹克建筑奖得主。

㉒ 丹尼尔·里伯斯金（Daniel Libeskind, 1946 年 -），当代美籍波兰裔著名建筑师、艺术家、学者及装置设计师。

㉓ 圣盖茨黑德音乐中心（Sage Gateshead），为诺曼·福斯特的福斯特建筑事务所（Foster + Partners）于 1997-2004 年设计建造的音乐厅及音乐教育中心，其位于英格兰北部的盖茨黑德镇（Gateshead）内、泰恩河南岸。

㉔ 弗朗索瓦·马里·夏尔·傅立叶（François Marie Charles Fourier, 1772-1837 年），法国著名哲学家，社会理论家，空想社会主义理论的开创者之一，其思想对社会理论界和现代社会均产生了深远的影响。

91 第4章

节奏分析与城市之时空

> 节奏的分析和节奏分析之追求从未忽视过身体(boby)。这里不是从解剖或机能的角度谈身体,而是特指一种具有**多重节奏**(polyrhythmic)与**和谐韵律**(euthythmic)的身体。……在这样的意义上,活生生的身体……始终是有效的参照物,且从未缺席。关于身体的经验和知识“connaissance”① 正是节奏理论的基础,也即是说,节奏理论的相关概念正源于这样的意识和知识。这些概念既可谓老生常谈,也因能够揭示身体那些常被所忽视或误解的内容而令人耳目一新。[30]67

> 这样下去,你便能够把握有生命和无生命的每种存在、实体和身体的“复杂和谐”(symphonic)和“多重节奏”,把握它们所处的时空,也即场所,和这样的场所之大致形成过程,而这里所说的时空,既包括各类建筑,也包括城镇和景观。[50]80

本书对列斐伏尔理论的核心主题所作的考察,意在展示他的研究对于构想能够替代新自由主义共识之空间的出路所具有的长远价值。他对于马克思主义的深化,以及将其理论转化为场所化的(而非一刀切式的)实践方法至关重要,而这样的实践方法可以一面抵抗国家和企业对空间的宰治,一面支持人们去创造能够更好地为个人和群体之社会生活服务的空间。说到底,向列斐伏尔取经来创造建筑和城市空间时,如果目标是实现真正的变革,就必须避免将他的理论去政治化（depoliticize）。然而，建筑本身依存于列斐伏尔所批判的体制，其根本上的保守立场必然要求对他的思想进行一定程度的净化。针对此种要求，地理学家斯图尔特·艾尔登②指出：

92

> 有这样一种无视“**他**”的理论基础和政治“**信念**”……而过于粗浅地看待“**列斐伏尔**”……并将其思想……用来为某种“后现代”追求摇旗呐喊的风险存在。……这会极大地损害列斐伏尔的研究，即弱化其中的政治敏锐性与抹杀哲学复杂性。……我们需要在列斐伏尔秉持的马克思主义语境以及更宏观的哲学语境中解读他的著作。……在这样的宏观语境中解读列斐伏尔，才能够还原他的研究中本应为我们所认识到的那些精微、复杂与破旧立新之处。[18]809, 810

建筑界对列斐伏尔思想的去政治化不可避免。这是因为，自柏林墙于1989年倒塌，国际社会主义事业即看似已偃旗息鼓，而在此之后，直言不讳地运用马克思主义理论来批判建筑便具有了一定的潜在风险，且《空间的生产》英译版的问世正在柏林墙倒塌之后。[64]1-2 作为补救，本书试图提出一些能够扩展列斐伏尔理论的应用范围且不伤及他对彻底变革之坚持追求的可能方法。尽管如此，将他的理论应用于建筑依然步履维艰。而以摧毁社区为务的资本主义对建筑的束缚，也正是最主要的障碍。

列斐伏尔对勒·柯布西耶褒贬参半的态度，或可帮助我们厘清前者所主张的城市建筑应具有，以及不应具有什么特征。一方面，列斐伏尔认为勒·柯布西耶的城市方案是在鼓吹建构“抽象的、笛卡儿式的”空间。而此类空间必会抹杀差异并从而摧毁社会生活，故其方案实为对国家方针的迎合。而另一方面，列斐伏尔认为勒·柯布西耶虽是“灾难性的城市设计师”,却仍不失为“天才”“出色的建筑师”。[38][34]207 他从勒·柯布西耶身上观察到的这种矛盾，反映出了这位建筑师理论与实践的脱节——前者过于绝对、僵化并缺乏活力，后者则“更为审慎、灵活以及富于生机。”[38] 大部分 20 世纪建筑史与城市史著作均持此类观点，即一方面赞赏勒·柯布西耶的建筑实践，另一方面却排斥他的城市设计与理论。作为在现代空间实践这一议题上的最重要理论家之一，列斐伏尔对被他冠以“现代最著名建筑师与城市规划师”之名的勒·柯布西耶的研究，实具深远意义。

93

对于列斐伏尔在勒·柯布西耶的理论与实践中所观察到的**城市与建筑**的断裂，某种解决方案或可在荷兰艺术家康斯坦特·尼乌文赫伊斯的作品及其与情景主义国际和荷兰建筑师阿尔多·凡·艾克的互动[5][16][28]151-174[65]，以及列斐伏尔自己与情景主义国际的交往中依稀可寻。然而，勒·柯布西耶的未建成威尼斯项目③所受到的来自凡·艾克的影响，却向我们展示了即使是这位“灾难性的城市设计师”，也曾尝试从类似于列斐伏尔的角度去解决建筑与城市设计间的对立。[5]18-19 [60] 说到底，凡·艾克与康斯坦特的合作说明前者至少在精神上可以算得上是位“列斐伏尔式”建筑师，而他试图解决建筑与城市之困境的作品中那些天马行空的想象，尤其是他对于建筑和城市能够成为现代世界中日常生活之相应形式（counterform）的确信，正是这一论断的明证。

对于将列斐伏尔理论应用于建筑和城市之具体实践的尝试，凡·艾克关于建筑和城市的研究实践极为重要，尽管两人的生平轨迹似乎从未相交。在建筑界，凡·艾克自始至终都颇具争议性，而正因为此，他和他的作品可谓之“列斐伏尔的思想可能具有的对应建筑形式”（architectural counterform）

的上佳范例。可以说，与列斐伏尔相似，凡·艾克也对现代世界中建筑的空虚和由这样的建筑形成的城市有着深深的关切，而这也是他争议之处的所在。他留下（其最后一件作品完成于1997年）的那套用以构想主流建筑生产之**替代性实践方法**（counter-practices）的工具，也如列斐伏尔的研究一样，如今仍在为建筑师和城市设计师们提供寻找出路的方法。凡·艾克主要关注点可谓是始终与列斐伏尔相应的凤毛麟角的几位战后建筑师之一，而本章将在后文进一步对此进行介绍。

“日常生活的相应形式”
阿姆斯特丹孤儿院（1955-1960年）。阿姆斯特尔芬镇，荷兰阿姆斯特丹
阿尔多·凡·艾克设计

节奏分析与新型空间

在列斐伏尔的所有核心概念，包括“瞬间理论”（theory of moments）[日常中潜藏着一些持续时间有限的特殊事件，此类事件能够为日常带来异常（otherness）和彻底变革的可能性，从而打破日常的连续性，如节日等]、“可能之不可能”“转形”和“差异空间”（differential space）（产生并对立于抽象空间）等之中，或许要数“节奏分析”（rhythmanalysis）对于构筑建筑实践的替代性方法最具价值。在《空间的生产》一书将近结尾处，他解释了节奏分析对于创造新型空间何以至关重要：

95

> 创立一种遥远秩序的方法，只能在与我们最切近之秩序，也即身体秩序的基础上方能理解。从空间的角度来看，在身体内部，各种官能的层次分明（也即差异场④对自嗅觉到视觉的各种官能的区分）是社会空间各层级及它们彼此间互相联系的一种预演。由于空间是被动之身体（官能）与主动之身体（劳动）的交会之处，因此对节奏的分析必须有益于完整身体之必要且必然的重新统一，而“节奏分析”之所以如此重要，原因正在于此。[37]405

这种具有遥远秩序且必然与乌托邦紧密相关的替代性空间以身体为出发点。而这里的身体所指为列斐伏尔所相信只能通过节奏分析来还原的**完整身体（total body）**。鉴于我们之所以向建筑师推荐列斐伏尔，正因为意在使“创立”此种“遥远”秩序成为可能，下文将稍加深入地考察节奏分析对于创造非霸权（non-hegemonic）建筑的重要性。在1992年，列斐伏尔的遗作《节奏分析要素：节奏知识引论》[30]得以首次于法国付梓，而其英译版也作为文集《节奏分析：空间、时间与日常生活》[31]的部分章节出版于2004年，这是其自1985年起就已陆续发表的一系列具体研究论文等许多著作中均有涉及的节奏理论的集大成之作。该书呈现了列斐伏尔对该课题最为旷日持久之考察的成果，英文版则另外收入了由列斐伏尔与最后一任妻子凯瑟琳·雷居利耶早先合撰的两篇论文。列斐伏尔对“节奏分析”方法的发展，“完全可以说”是旨在“创立一种新科学和新知识门类”，而这种科学和知识门类的最主要特征，很显然即为列斐伏尔认为具有“实践意义”的“节奏分析”。[30]3

这种具有遥远秩序的替代性空间——其必然与乌托邦紧密相关——以身体为出发点。而这里的身体所指为列斐伏尔所相信只能通过节奏分析来还原的完整身体

96

为了解释节奏分析这一他在此前已研究了一段时日的方法，列斐伏尔指出，节奏分析并非是要“由具体到抽象”，而是始于“概念”和“确定范畴”，并“在对抽象完全保持清醒的同时进而观照具体”。这一研究方法具有非理性表象，因此看似颇具风险，也即或会导致“以推测代替分析，或言以**任意主观**（arbitrarily subjective）代替事实。”[30]5 ⑤ 然而，此类带有毋庸置疑开放性的研究方法（尤其是节奏分析）所具有的更普遍的价值，在于其提供了一种既可抵抗一刀切式思维，又能免简单粗暴地对待经验的方式：“从**纯粹**（pure）的抽象思考，到对**现实**（real）矛盾之复杂性的彻底考察，均在理论探询的范围之内。”[30]13

为了使**“节奏和运动”**（movement）[30]5不致混淆，列斐伏尔可谓不厌其烦。用他的话来说，**运动**因被规范得极为

严格，因此成为某种确定不移的东西，这使得差异（几乎）没有可能出现，而**节奏**却永远会允许差异的产生："总有某种新的、无法预见的东西侵入重复之物（the repetitive）"，而这种东西即是差异。[30]5 机械式**运动**和更具差异化色彩的**节奏**⑥之间的差别在此尤为重要，因为**节奏**始终以身体为参照，而严守固化节拍的（metronomic）机械运动却与身体的意愿背道而驰，并且最终会根据机器的需求扭曲身体。但尽管如此，这两者却可谓"相辅相成，因为双方皆以对方为参照而计量（measure）⑦自身……一切均为通过线性重复实现的循环重复。"[30]8 在列斐伏尔看来，"和谐（harmony）既是量化的也是质化的（在音乐和其他各领域，包括语言、行动、建筑……等等之中皆是如此）。"[30]8

然而，列斐伏尔对节奏的考察并不涉及那些构成某座建筑或装饰其立面的元素，除非这些元素能够反映或将居住在建筑与城市环境之中的个人与群体的身体和社会活动。此外，节奏感（the rhythmic）或言循环节奏：

97

> 产生于宇宙和自然，如日升日落、春去秋来、潮起潮落、月盈月亏等等……宏大的循环节奏会在一定时间后周而复始，比如每一天总是新的一天……循环节奏和线性节奏间的对立统一有时会引起失常或扰动……重复非但不排除而且还会产生**生产**（produce）差异⑧。[30]7

列斐伏尔指出，节奏分析能够使我们重新意识到身体。以此而论，节奏分析对于建筑理论和实践的重要潜在意义在于其重新提出了将身体作为一切理论与实践工作参照物的看法，而这里所说的作为参照物的身体，包括其构成、比例以及节奏（也即同时包括内部机能运作与习惯）。

最关键的是，列斐伏尔对节奏分析的论述以身体为最终参照物，这对于建筑师来说极具参考价值，尤其是鉴于建成环境虽不可避免地要为身体所居住使用，而当今建筑和城市环境却似乎常对身体（既在社会也在个体层面上）的实际情况视若无睹。对于建筑师的此项疏忽，列斐伏尔虽未明确批判，却无疑不乏微词："节奏看似是一种受理性法则支配的规范化时序，却与人类最不理性的一面，即进行实际生活体验的，或言肉体意义上的身体相关。"[30]9 身体既表现节奏，也是其模范。进行实际生活的身体在建筑构思中的缺席，或可在某种程度上归咎于在这个时代塑造了人们意识且一直占据主导地位的科技。而最为明显的例子，即是那些作为管控制度而发挥规范化与非人化作用的规划和人力资源逻辑。

沿着这一思路，列斐伏尔反思道："我们曾经认为有科技就已足够。但科技虽不可或缺，却也有所不足，这样的科技正是所有难题的核心。这便产生了一项终极追问：哲学能做什么？理解现状？评估风险？指引出路？"[30]14 关于在现代世界中创造与社会关系契合的环境，建筑和城市设计已久不胜其任，这正可谓反映了很多执业者长期奉行的伪科学（理性主义、简化主义）理想。然而，科学和艺术因具有疏离于社会生活和身体的自主性，又不足以承担创造和提供建筑与城市的使命。于是，我们可向身体寻求解决这道难题的方法："以这一假设（即科技固然不可或缺，但却又有所不足）为前提进一步而论，**节奏**（一端联结着逻辑范畴和数学计算，另一端则是具有五脏六腑的、活生生的身体）隐藏着解决那些玄妙难题的秘诀，"[30]14 而"哲学能做什么"便属于这样的难题。在此我仿照哲学也问上这么一句：建筑能做什么？

98

消解二元对立

列斐伏尔对那些看似非此即彼的僵硬二元对立关系的消解、关于节奏的概念，以及对“科技并非万能”的确信，也体现在凡·艾克的一些建筑理念之中。具体地说，后者分别指某种必要的双重状态和间隙空间的“双生现象”(twinphenomena)、“之间领域”(in-between)等概念与列斐伏尔的方法颇具渊源。

列斐伏尔对那些看似非此即彼的僵硬二元对立关系的消解、关于节奏的概念，以及对科技并不万能的确信，也体现在凡·艾克的一些建筑理念之中。

99

在凡·艾克眼中，“双生现象”是由看似水火不容实则互相依存的要素构成的情绪状态（emotional state）或建筑组成部分。[16]209-223 他本人将其解释为“统一与多样、部分与整体、小与大、少与多、简单与复杂、变与不变、秩序与混乱以及个人和集体”[70]348 的共存。如果我们能认识到建筑和城市空间安排（arrangement）（建筑安排既包括建筑本体要素，也包括使用功能）那些看似对立的要素事实上彼此协调，人与建成环境的关系就有可能更为亲密，而这正是因为身体和建筑的亲密也已经通过凡·艾克所谓的“运作中的和谐”（harmony in motion）[或“动态均衡”（dynamic equilibrium）][70]353 得以实现。凡·艾克认为，双生现象中的双方主要通过之间领域联结在一起。人们有时会面临二者仅可择其一的矛盾处境，而之间领域便是此种处境的一种替代性形式（counterform），其可以创造一定的条件使对立的两种选择（这种对立在建筑中通常表现为各种门槛隔开的两侧空间）可以兼得，从而消解对立，并使人的矛盾心理得到缓和进而满足。[70]348 作为一种环境，“之间领域”暗含颠覆作用，因为它描述了一种对于矛盾的积极处理方法，其能够同时分离和联系对立的现实条件，而这样的方法，正是过度理性化的建筑和城市试图去加以根绝的。[16]196-233

我们可以说，凡·艾克应用了某种节奏分析来探讨前文论及的两种及其他一些概念——比如他所谓的“大量难题”⑨，其关系到现代装配式（工业化）建筑对结构单元的重复使用。忽视现代施工重复使用相同建筑部件所引发的问题，会使我们愈发难以理解建成环境。而凡·艾克认为，在建筑设计和施工中应用他所谓的“动态均衡法则”（laws of dynamic equilibrium），就可以对此进行纠正。如果我们能够创造经得起重复使用的部件，那么将各部件组合为统一整体的过程中，它们的特性将因重复使用愈发显明，内容亦得以更为丰富。这种整体与部分的互惠关系被凡·艾克称之为“运作中的和谐”，其依据他所谓的“动态均衡法则”发挥作用。这种法则指将“节奏”赋予“相似与不相似形式的重复”，从而实现对各建筑元素的调衡（balanced tuning）。总的来说，若能依照凡·艾克提出的方法对所有建筑部件进行配置，它们就会构成一种复杂的整体——一种组成元素既各具特色，亦彼此间圆融协调的集合。尽管凡·艾克的建筑设计方法的直接成果是更为宜居的建筑形式，但其在最主要意义上，却是一种实现更具人情味之建成环境的途径，这是因为应用他的创新思路着实能够催生更针对个人和社会的身体之复杂性的、从住宅到城市的各类环境。而就这一点而论，主流现代建筑和城市的过度理性永远也无法企及凡·艾克。

100

凡·艾克的方法具有辩证性，这与列斐伏尔颇为相似。在后者看来，将世界看作非黑即白的二元对立概念之集合的传统观念（例如在这样的世界中，理想和现实永远无法结合）会使理论、研究和实践失去自现状中开辟新路的有力手段。而列斐伏尔提出的辩证方法，也即他所谓的“三元分析”(triadic analysis)，则提供了探索可能性的方法，而这样的可能性在二元思维模式的语境中虽似无可想，但辩证思维模式却可帮助我们去开始将其化为现实：

> 有赖于黑格尔和马克思，直至最近人们才开始理解分析所现有的三元性，并因遵照**正题 – 反题 – 合题 (thesis-antithesis-synthesis)** 的三元图式使分析成为一种辩证性方法。……辩证分析指的是三元之间随时势而变的关系——从矛盾到统一再到矛盾。此种关系确实存在于现实之中，如过去 – 现在 – 将来，或有可能 – 很可能 – 不可能 (possible-probable-impossible) 等。……无论是客体、主体还是关系，均不会为这种分析所孤立，其试图把握一种虽随时而动但却毋庸置疑的复杂性。……其带来的不会是黑格尔式图式中的那种合题。……因此，……这种三元观念既将三种元素彼此联结，又使它们保留了个性，而不至混为同一。……此种辩证法的宣言是：“没有不存在矛盾的思想和现实。”[30]11-13

101

列斐伏尔“三元分析”辩证法的理念，即三元素彼此关联但又保有个性的分析法是对二元理性（为保证思想和组织结构的清晰而坚称具有对立表象的双方必须永远泾渭分明并势同水火）的明确反抗。在他看来，三元素之间的联系应更具关系性（relational）意味，亦即矛盾（或复杂性）被允许存在，而实现合题或将分析对象的特定元素或方面进行简化式孤立也均非目的。列斐伏尔“三元分析”之特征在建筑领域最清晰的展现，在上文已通过凡·艾克的作品进行了介绍。最具体地说，凡·艾克的目标，并非在自己的作品中用合题消解二元对立（比如内－外对立），而是用作为第三方的“之间领域”来调和对立双方，从而实现并利用二者的共存（双生现象）。反映这一目标的不仅是他的建筑语言，还包括他对建成作品中“双生现象能够最有效地调和社会关系中之矛盾（包括人们只能二者择一的困境）”的确信。对于在当下创造建筑与城市环境，三元分析的意义在于它提供了一种替代简化主义的态度：建筑界越能接受矛盾无法避免这一事实，其作品也就越能应对社会生活的全部复杂性。

在列斐伏尔看来，将世界看作非黑即白的二元对立概念之集合的传统观念——例如在这样的世界中，理想和现实永远无法结合——会使理论、研究和实践失去自现状中开辟新路的有力手段。

节奏分析要素

列斐伏尔最关注的是于日常中可见的那些节奏，这其中一个重要原因在于，日常始终是对抗官僚化时间（bereaucratised time）的力量源泉。如果节奏分析实践必须跨学科进行，那么进行节奏分析的实践者也应为跨学科人士，而他们分析的对象也应具有多学科的复杂性：

> 任何地方只要存在场所、时间和能量消耗间的互动，就必然存在节奏。……在这里被我们定义为一种方法和理论的节奏分析……能够将……彼此间具有很大差异的各知识门类结合起来，包括医学、气候学、宇宙学（cosmology）、诗歌［**诗性（the poetic）**］等，此外当然还有社会学和心理学。节奏分析者应与心理分析师（psychoanalyst）有某些相似之处。……节奏分析者会保

102

> 持高度警觉……他会向世界张开双耳……倾听有声而无意义的……噪声，倾听意蕴无穷的……低语，并最终倾听于无声之处。……他首先倾听自己的身体，并从中学习节奏。……节奏分析者需要调动感官，将自己的呼吸、血流、心跳和言辞作为参照物加以利用。……他需要在通过实际生活体验到的时间感（temporality）中而非抽象层面上借助身体进行思考。他不会忽略……那些来自孩子⑩和其他生命的具有强烈感染力、而为社会所逐渐抹消的气味。……他以……日常之丝缕为衣裳。……他需要在整体中捕捉并解读节奏，就像非分析者，即普通大众感知（perceive）节奏那样。他必须通过经验而最终到达具体。[30]15-16, 19, 21

对此进一步阐释，列斐伏尔是将方法和实践者杂糅起来，作为身体的一种功能——包括其官能和节奏。除了节奏分析者本身必须具有的特性和必须应用或借鉴的各学科知识，他/她的最主要工具是自己的身体：

> 在他从自己的整个身体和全部官能中借鉴、接收信息的同时，他也在从所有科学门类那里……接收数据。……相较于专业人士提供的工具而言，他在这里所追寻的，是一种跨学科方法。他当然不会忽略空间和场所，但却对时间比对空间更加敏感。他最终会像听众倾听一部交响曲那样去“倾听”一栋房屋、一条街道或一座城镇。[30]22

103　人们会渴望凡·艾克所谓的“建成的回家”⑪，因为在这样的建成环境中，人们可以取回“被哲学”（并因此被建筑）“如此严重忽视的身体——我们的身体”，然而建筑师的创作却习惯性地背离这样的渴望。[30]20[69]472[71] 假如我们暂时承认建筑确有这一不足，即使严重程度远未及此，我们首先要问的问题也便是：这种不足是否可以避免？在恩斯特·布洛赫、曼弗雷多·塔夫里、弗雷德里克·詹姆森等人看来，建筑和城市的确会呈现出一种病态。那么节奏分析者的方法能否为实现更加精巧和宜居的建成环境指条明路？还是说建筑和城市已在资本主义现实主义的罗网中陷得如此之深，以至于其只能承载以下三类叙事（narrative）：技术科学（techno-science）叙事——包括简化功能主义；以空间为商品或产品之叙事——空间的价值决定于其可交换程度；以及剩余价值叙事——建筑成为［无论是以先锋、主流还是尊享（priviledged）的面目］某种奢侈品。在这三种叙事里，我们找不到**被使用的**（engaged）建筑，无论这里的“使用”是宏观社会意义上的“泛指”，还是对建成环境与作为其主要参照物之人体间关系的“特指”。然而，如果说我们能从列斐伏尔那里学到点什么，那便是政治界和理论界甚嚣尘上地鼓吹和标榜的那套“普天之下，莫非王土”的体制（total system）并不如其表象那般无懈可击。即使在今天，也依然有建筑师在设计中致力于重拾身体与节奏。比如瑞士建筑师彼得·卒姆托[12]便会以童趣及重拾与之相关的“身体活动”（bodily event）为设计流程的出发点，而他的瑞士瓦尔斯温泉浴场[13]很明显便是从这种策略中受益良多（值得提及的是，该建筑为瓦尔斯镇政府所有，这样亦可以造福当地社区）。然而，对于当代主流建筑实践而言，瓦尔斯的这件作品并非常规，而是突出的异数。

节奏分析方法之所以能够找到建筑和城市设计实践的出路，是因为其提供了一种综合性、多角度的方法来应对建成环境的问题：

> 节奏分析可以改变我们看待周遭的角度，因为它改

104 变了我们关于经典哲学（尤其是笛卡儿主义）的观念。自柏拉图到黑格尔，始终在被哲学家错误对待的**感性**（the sensible）可以（重新）成为关注重心，而这一变革无须借助魔法（即意识形态）即可实现。**世界**（world）中没有事物，**没有任何存在物**（no things）可以静止不变，只有（相对我们而言）或快或慢的各种节奏（我面前这座花园此刻在我眼中，已与片刻之前有所不同……）。[30]17

因“感性重回意识和**思想**（thought）之中”而重新注意到世界之蓬勃生机的建筑师，或能“稍有助于实现对当前这个江河日下之世界与社会的**革命性**（revolutionary）**改造**”。而欲达成这一目标，建筑师尤其应当打碎资本主义、新自由主义和具有全球化效应（globalizing）之空间生产所强加于意识和实践成果之上的枷锁。[30]26

为此，“节奏分析者”需要“关注时间感及其与整体的关系，”[30]24 他们应使用一种足以胜任“分析重复并揭示变革之**瞬间**（moments）”的方法，将**逻辑范畴**（logical）和**血肉之躯**（visceral）联系起来，并尤其要重新奠定**“活生生的身体”**（vital body）的立足之地。节奏分析所描绘的，是一种能够更宏观地理解项目构想所处之语境的方法。其通过倾听创作本应奉为圭臬的那些真实存在的场所、环境、人们以及身体习惯或行动，也即节奏，来对抗建成环境的异化，从而实现对当下许多建筑之非现实感的纠正。[30]14

节奏的相对性

分析本应意在更好地理解某些可变因素，但吊诡的是，很多建筑分析方法及其表现形式反而会使建筑师与这些因素愈发疏远。在作为项目前期工作之组成部分的数据收集中，数据分析过程存在的问题已积重难返，以至于用地分析和社会制图（social mapping）工作已成了几无收获的实践过场，人们行之如鹘落兔起，忘之则如电掣风驰。此等问题正是列斐伏尔那种不拘一格、多管齐下的建筑实践批判最可谓对症下药之处。而节奏分析提出的，不过是一种只能部分纠正建筑师“不可避免地具有异化效应（为视像考量和抽象思维所支配）之实践”的方案。由于大部分建筑师用图纸表现现实的技法（mapping techniques）皆为由自各社会科学学科（尤其是规划）那里反直观地（counterintuitively）借鉴而来，因此这样的技法自然会既忽视“空间和场所”，甚至亦会在项目开始之前便使执业者（以及学生）对时间的重要性视而不见。

为孤立和异化所造就、为炫目之景和消费活动所支配之资本主义城市的管控体制或许看上去就像自然规律一样天经地义，令人无法逃避，然而列斐伏尔却宣称，只有在可能性被遮蔽的当下，“可能之不可能”才具有不可能的表象。节奏分析强调借助身体，即将其作为一件具节奏感的、与日常生活符节相和的乐器（instrument）来考察具体对象，这表明列斐伏尔所提倡的倾听城市不仅指出了一种可以抵抗看似无法规避的资本主义城市与空间的方式，还阐明了如何用周密的分析工作来揭示那些真正的、变革可从中产生的、差异和龃龉（dissonance）的瞬间。节奏分析的对象“既非表象，亦非现象，而是当下本身（thepresent）”，而节奏分析者的追求在于取回“感性”，使观察到的东西“活动起来（in motion）”从而面目一新[30]22, 25，而此类观察可谓颇具生成力或言创造性。在列斐伏尔研究中占据中心地位的“日常”，既是节奏分析的研究对象，亦是可能性的萌生之所。

分析日常是为了找出其中蕴含着的那些可以对抗国家和个人利益主导的官僚化组织结构的因素，从而阐明日常为变革之空间的事实。因此，节奏分析者所能采取的最为破旧立新的姿态，便是“彻底”使“感性”重回“意识和思想”，而由此便可助于“对世界的革命性改造”。[30]26 最值得注意的是，列斐伏尔相信此项行动的成功完成，不需要节奏分析者去“宣称”自己“改变了生活”或“公开表明政治立场”，而在表面上不承担此类责任，可使分析者推动对社会的“革命性改造”时少受些牵制[30]26。在列斐伏尔眼中，节奏分析者显然不只是观察者或持疏离而中立（evenly hovering）之态度的分析者。他们既要积极参与，也要进行反思，因为“把握节奏、把握瞬间、把握对时间的某种深思、把握城市，均需要人的参与。”[30]26, 30

106

分析日常是为了找出其中蕴含着的那些可以对抗国家和个人利益主导的官僚化组织结构的因素，从而阐明日常为变革之空间的事实。因此，节奏分析者所能采取的最具革新意味的行动，便是“彻底”使“感性”重回“意识和思想”，而由此便可助于“对世界的革命性改造”。[30]26

节奏就是能为“视、听、嗅、味、触”五感所把握的实际生活的全部内容。要理解某个场所，也即对其进行综合分析，节奏分析者必须留意他 / 她周围的一切——包括不可胜数的各种节奏及各自的时长，也即所有五感和四维。这种多维分析方法能够给予建筑师实实在在的收获。只是在完成节奏分析工作的同时，分析者对他 / 她接触的所有节奏也均需留意，但最好的工作方式，却是将自己从分析对象那里稍加抽离：

> 要把握和分析节奏，分析者有必要将自己恰当却并非

彻底地置于节奏之外。……一定程度的外部性(exteriority)能够使分析思维正常发挥功能。同时,要把握(grasp)节奏,分析者也有必要先被节奏**攫住**(grasped),他/她必须**放开自我**(let oneself go),即任由自己全身心地投入于节奏的展开之中。……因此,分析者必须将自己同时置于节奏之内和节奏之外。[30]27

据列斐伏尔的观点,因为"外部性能够使分析思维正常发挥功能"[30]27,节奏分析最好从节奏之内和之外同时进行,这里的内外既是实指,也是喻指⑭。他确信分析节奏可以既使它们更加明确可辨,又可以将注意力导向日常生活展现于"无处不在的国家"的控制范围之外的那些部分:"在彰显政治权力的感性和视像秩序之外,其他秩序(other orders)将会浮现。"[30]32 而提出这种"其他秩序",是"可能之不可能"以及日常之乌托邦"瞬间"(moments)可以出现的前提。

然而,如果对日常中重复、平凡的部分进行分析,彰显的是一种有实无名(tacit)的乌托邦主义,城市开发的标准程序则是以仅有的两种看待城市之互相关联的视角为基础,而这两种视角至少在房地产投资和开发领域常被用来表现当下城市之前途的全部可能性。这两个互相关联的视角即是将城市看作**去处**(destination)或**商事**(commerce)。去处在人们的理解中,是使**商业交换活动**(commercial exchange)得以,或至少更易进行的场所。在城市开发语汇中,商事和去处两词现已几乎可以互换使用:如果开发某个**去处**却不能促进**商事**,那么人们会认为这块用地没有得到**最大限度**(highest)或**最妥善的**(best)利用。因为即使是虚拟的商事,开展也总需要场所,去处也就因此不可或缺。即使是亚马孙⑮这样的网店也依然是"实实在在"(real)的(用于商事的）去处，尽管其目前（至本书写作时为止）还没有消费者可以光顾的实体店面。放任制造作为消费活动之场所和对象（of and for consumption）的去处成为自己工作的主要目标，建筑师已深陷于“城市之生命力来自何处”这一问题的极其褊狭的主流观念之中。而节奏分析对循环节奏和线性节奏的重点考察，能够使关注点重新回到“漫步街道”（wandering the street）上来，这提供了一种可能战胜这套由“去处”和“商事”所统摄的管控体制的方法，而正是这样的体制在将城市环境肤浅地看作**休闲时光**（leisure time）的延伸，并使后者沦为**景观社会**（society of the spectacle）（以过度刺激、目眩神驰、索然无味和异化为主要特征）之大行其道之所在。[30]33 而对街道和公共空间进行“漫步”，108 并将它们作为城市的焦点，我们立刻就能发现作为主流建筑形式和功能的购物空间之猖獗蔓延所引发的问题。

巴黎和地中海

列斐伏尔认为，“循环节奏是社会组织结构（social organization）的自我显现”，而“线性节奏则是日常琐事、是常规，因而绵延不绝。”[30]30 在他看来，实现社会化组织（social organization）并提供社交机遇（social chance），是那些——尤其是地中海地区的——传统城市的专长。列斐伏尔特地以位于巴黎博堡街的蓬皮杜中心⑯为例，来充分说明循环节奏与线性节奏的对立。为所谓高技派建筑⑰的代表人物英国建筑师理查德·罗杰斯⑱和意大利建筑师伦佐·皮亚诺⑲（以及爱尔兰工程师彼得·莱斯⑳）所设计，蓬皮杜中心带有各种技术科学（techno-scientific）成就影响的印记，如 20 世纪 60 年代美国国家航空航天局㉑进行的太空探索，尤其是 1969 年成功抵达月面的登月舱，以及远洋钻井平台和英国建筑师集团建筑电讯派㉒的技术乌托邦主义等。[16]65, 80-85 蓬皮杜中心提供了各式各样的空间，包括图书馆、现代艺术博物馆、现代音乐中心、书店、餐厅、咖啡店以及大面积公共区域等。此外，还有一系列颇引人注目的扶梯，悬挂于中心正立面外侧，下临广场㉓，游客可乘坐该电梯观赏城市的盛景，并直达中心楼顶。

列斐伏尔之所以关注蓬皮杜中心，是因为其位于他曾生活多年的玛莱区㉔。该区域在二战后经历了一系列剧烈变化，即列斐伏尔所谓的"美国化"，具体表现包括新建的购物中心、快餐店、连锁商店和蓬皮杜中心等。而就蓬皮杜中心而言，讽刺之处在于其看似正是列斐伏尔欣赏的那类建筑和机构，或言文化中心，尤其是那片稍具坡度的、从中心正门前一直延伸至圣马丁街㉕的广阔的城市混凝土**海滩**（**beach**）㉖。而且其内部空间组织形式极为灵活，能够适用于许多设计时并未虑及的用途和行业（虽然在美术馆和公共区域实现此类用途相对更困难）。尽管我们可以将中心的室内部分看作其**内容**（**content**），然而其室外空间就社会文化意义而言或许更为重要，因此也更具盛名。蓬皮杜中心因其将建筑的结构和功能显露在外（而非隐藏在内），并以此作为某种现代装饰性表现手法而可谓是颠覆了通常预期的外骨骼（exoskeleton）结构。此外，其通过将结构，包括框架和承重体系呈现于所有人眼前，使整个建筑看上去有一种赤裸感而由此进一步显明了其关于文化和物权的全新观念。

有趣的是，尽管蓬皮杜中心看似一场机器生产的狂欢，其也具有一种奇异的手工特质——即似为独一无二，不可复制，且非量产产品——甚至在建筑构件层面亦是如此。这样的特质出乎意料地传达着一种令人安心的人情味，其具体表现既在于施工质量，也在于建筑各部分的尺度：这些部分组合在一起，形成了包括人体、中心所在的街区以及中心自落成便开始割裂（同时亦吊诡地开始统一）的城市等在各尺度上均具有强烈统一感的整体。

由于蓬皮杜中心看似一种可以兼容各种设计预期之外和即兴发挥之用途的**事件建筑**（architecture of the event），我们或许会认为列斐伏尔理应对其赞不绝口。然而实际情况却非如此，而理解其中的原因可以帮助我们厘清他对现代城市的失望和期盼。有趣的是，列斐伏尔从未提及蓬皮杜中心之名，但暗指之意却很明确。如果说传统城市和节奏始于身体——“对门窗、街道和建筑立面的量测以人体尺度为参照……R街㉗上的那些餐饮小店便采用的是人体尺度，如以路人为参照”——那么蓬皮杜中心便是明显压制了此类关于尺度的熟悉观念[30]33：

> 与此“R街的小店”相反，这样的工程（蓬皮杜中心）却想要**超越**（transcend）这一尺度，并抛弃已知的尺寸以及我们所知晓的、可能的一切模范样式。这带来的是以坚实的管线为形式的对金属制的、冷冰冰的建筑内脏的展示和极为无情的形象。这是一颗陨石，其来自某个技术统治（technocracy）肆无忌惮的星球。[30]33, 34

110

在这里，列斐伏尔并未对蓬皮杜中心建筑的别出机杼，也或离经叛道大加赞叹，而是在其中看到了某种异样的（alien），或会造成异化的事物。至少在他看来，这是一种会撕裂他切身熟知的那个街区及其节奏的奇诡建筑。然而，尽管建筑师们尝试以具有社会与政治中立之表象的审美考量作为伪装，列斐伏尔却非常清楚，他们真正的诉求并非，且甚至也不是想要去实现那些以艺术和商业为导向来复兴逐渐老化的内城区域之项目所标榜的陈腐目标。

乔治·蓬皮杜中心（1971-1977年）
法国巴黎，皮亚诺和罗杰斯建筑事务所设计

列斐伏尔问道:“历史悠久之古色古香与锋芒毕露之超现代（supra-modernity）的紧邻暗示的是什么？”对这样一种暗示进行辨明与解读，是建筑师的核心任务之一。然而，建筑师却很少去完成此项任务，这导致设计成果成为“对某些信息的后知后觉到了极点”的传声筒，而唯有设计者对此几乎毫无所知:“这一场景是否布满国家政治秩序的印记……？毫无疑问。”不出所料，列斐伏尔认为金钱是导致这种状况的“关键因素”，“但是”，在我们的时代，“金钱不再以关键因素的面目现身，即使在银行的立面上亦然。在巴黎市中心，这个城市掩藏那些事物的痕迹比比皆是，但它毕竟依旧是在掩藏。”[30]34 金钱及相关利益集团与国家政治秩序对城市中心区域的共同侵蚀在很大程度上剥夺了几乎所有新开发项目的“城市权利”（right to the city）。列斐伏尔深感痛惜的损失，是“巴黎最重要的（capital）㉘中心区域”“直至不久前”“还保有的”那种“淳朴的、源自中古时代的、虽深具历史价值却在日渐凋零之事物”的消亡[30]24。

金钱及相关利益集团与国家政治秩序对城市中心区域的侵蚀在很大程度上剥夺了几乎所有新开发项目的“城市权”。

接下来，列斐伏尔进一步描述了遗失（Lost）的事物：“首要的是相交的街道和路口。直至不久前，这些地方构成的还是城市的邻里（neighborhood），居住着算是土生土长的工匠和小店主——即邻里之人。……而如今这里已不再进行生产活动。”[30]35 或许是因为意识到自己正在滑向一种病态的怀旧感伤，列斐伏尔用更具调和意味的语气指出，无论是从老广场还是现代广场㉙中的人们那里，都能观察到传统复兴的迹象：“说纯真已完全丧失未免过于轻率，在古时曾经存在但之后却销声匿迹了很久的功能如今又于这些广场复兴：如作为集会场所，烘托气氛或充当通俗戏剧活动的临时舞台等。”[30]35 但尽管如此，某种程度的不谐依然随处可见：

> 此刻，在圣梅里和现代世界㉚之间的广场上，一场颇具中世纪风味的庆典正如火如荼地展开：这里有吞火者、杂耍者、弄蛇者，也有神职人员和正襟危坐相谈的人们。开放、冒险与一本正经并存。各种有形与无形的游戏和角逐皆具。……人们几乎从不停歇，在行走的同时还咀嚼着热狗之类的食物（快速的美国化）。……偶尔他们也会在广场上暂时停伫……将目光投向兜售货物的商贩，漫不经心地倾听他们的叫卖声，随即又继续不知疲倦地前行……此时这座广场的节奏，令人想到大海。浪潮随人群而动，

112

于涨落间不断送往迎来。一些人们被浪潮卷向海兽之颚（蓬皮杜中心），后者将他们吞没，随即又迅速吐出。……在这些地方，我们所身处的是日常还是每日的非常（extra-everyday）？至少两者之间称不上势不两立，而这场伪庆典（pseudo-fête）也不过看似是从日常中产生。[30]35-36 ㉛

这一段揭示的是，娱乐城市或言景观社会的这种“伪庆典”不过是某种永不止歇的大型夜市（big night out），其表面上的川流熙攘很难掩盖其脱离日常节奏并深陷于消费活动的事实。这一状态被列斐伏尔总结为：“在周末，人们不再维持修葺并参与宗教活动的传统，取而代之的则是‘周末夜狂热’㉜的爆发。”[30]74

若说，那些被塑造，或更确切的，被扭曲为资本之代言的城市带给列斐伏尔的是失望，那么在地中海地区的城市中，他却发现了一些生命力旺盛且构思巧妙的城市社会形态，这些形态足以对抗大多数旨在以量化空间（由现代建筑组成的过度管控、过度集中规划的城市）取代质化空间——前现代、前工业化城市的社会与城市形态——的集中化管控与（再）开发形式。在列斐伏尔看来，与传统城市的碎片化过程桴鼓相应的，是前工业化时代劳动形式的分工化，以及尤其是人们因接受十进制系统中“10”这个数字的权威而对十二进制的抛弃。十二进制和十进制之中，前者代表的是“循环重复”（cyclical repetition），后者则是“线性重复”（linear repetition）；前者意味着“周回”（rotation），后者则意味着“轨线”（trajectory）。循环重复“一般源自宇宙”，由日月、“四季、年岁和潮汐”的循环节奏构成。循环表现的是 360 度圆周，因此也便契合于地球本身。12 基数系统包括“表盘上的十二个钟点、……黄道十二星座，甚至一打鸡蛋或牡蛎，而

113 我举最后这个例子是为了证明我们早已在以12为单位对直接源于自然的生体（living matter）进行计数。”[49]90 当然，建筑师未必一定要抛弃十进制并采用十二进制才能创造更有人情味的环境，但对于导致了城市支离破碎的工业化生产流程，十进制可谓断然难脱干系。

在列斐伏尔看来，“循环节奏也是重新开始的节奏，是‘回还’（returning）的节奏……每个黎明都是崭新的。而与此相对，线性节奏的本质在于同一种（即使并非完全相同却也几乎毫无变化）现象的循序展开与复制。”[49]90 尽管看上去列斐伏尔将循环节奏和线性节奏彼此对立，他的真意却是为突出两者的质化差异。由此，即使十二进制是“重新开始”的节奏，而线性的十进制或公制系统是“所有机械运动的起点”，列斐伏尔却非常明确地指出：“使两者区别开来的分析活动也必须使它们重新统一，因为两者始终处于相互作用甚至相互依存的联系之中，任何一方都必会以另一方为计量参照。”[49]90 他还举了“多日之劳”（so many days of work）这样一个例子：在此“日”是循环的、具有节奏感的，而“劳”则是线性的。[49]90

实行集中化管理的国家依据公制系统来组织人类和社会活动，并将十进制强加于以身体为中心的日常节奏，而这则改变了城市空间和社会生活。然而，如我们先前提到过的，列斐伏尔认为，地中海地区城市代表的，正是一种能够实现且确已实现了城市权利的环境。然而，在笛卡儿式的，以历史中心区的那些支离破碎的现代新建项目为代表的空间观念（既抽象且绝对）对地中海地区城市的侵蚀下，在很长的历史时期内曾作为这些城市之特色的反抗之空间、差异之空间以及多种节奏现均已式微。用列斐伏尔的话说，此种变化使得这些城市的：地中海意味削弱，北欧㉝意味加强；日城意味削弱，月城㉞意味加强；并且更加受制于集中管控。[49]91-92 在日城中，“人们面对的是……比在月城中更为激烈的都市生活，但在城市的最核心地带，这样的都市生活也更为丰富。”[49]92

114

依照列斐伏尔的观点，受地形起伏影响甚为明显的城市公共空间与布局，正是地中海地区城市及其特有节奏的关键特征。在现代城市中，公共空间与地形起伏往往不是被淡化就是被抹杀。而人们所允许存在的，是用技巧刻意布置的地形起伏，和被同化改造为消费活动而非社会或政治活动之场所的公共空间。以此而论，列斐伏尔宣称，在地中海地区城市中，“城市（公共）空间成了规模宏大的舞台，在这个舞台上，各种**社会的和切身的**关系及其节奏得以充分展现。在这里，仪式、符码和关系人们清晰可见：它们在光明正大地发挥功用（act themselves out）。”[49]96 这样看来，对于那些至晚自 19 世纪以来便在塑造或重塑城市的几乎全部当代城市实践而言，地中海地区城市在列斐伏尔的眼中始终是一种替代性范本。他对地中海地区城市的回顾，并非意在倡导一种企图使过去重现于当下的怀旧情结。而如我们之前提到过的，回望过去是他彻底批判当下的源泉，也是探索新型城市空间的基础。

列斐伏尔宣称，在地中海地区城市中，“城市——这里指公共——空间成了规模宏大的舞台，在这舞台上，各种**社会的和切身的**关系及其节奏得以充分展现。在这里，仪式、符码和关系人们清晰可见：它们在光明正大地发挥功用。”

尽管列斐伏尔对地中海地区城市的欣赏不能作为具体行动可以依据的蓝图，但这些城市特有的节奏却饱含丰富信息：“地中海地区城市拒绝一切形式的霸权和整齐划一。……它们

115 拒绝的正是‘集中化’这一观念，因为所有社会群体……均是以自身为中心。……地中海地区城市的多重节奏用各自的特性凸显了共性。”[49]98 然而，尽管地中海地区城市的丰富生活无法移植于今天，对其进行考察却依旧能够启迪更为高明巧妙的实践。在考察那些建于前现代时期的威尼斯、而如今依然存在的公共空间时，列斐伏尔发现了一种“使得此类空间特征得以展现”的特定城市节奏正在发挥功用：

> 难道威尼斯不是一座……观众……与演员是同一批人……的剧场之城（theatrical city）吗？因此，我们可以根据今天的威尼斯，来推想卡萨诺瓦[35]生活过的威尼斯和维斯康蒂《战国妖姬》[36]中的威尼斯。难道这不是以辩证节奏为基础和背景的那种文明——也即自由——的优越形式得以在这一空间中无拘无束地发挥效用的结果吗？这里的自由，并非国家之中身为自由公民的自由，而是身处国家之外的城市之中的自由。……因此，公共空间——作为表征之空间——“自发”地成为漫步、邂逅、吸引、交际、理想和商谈均得以发生的场所，也即是说，公共空间剧场化（theatralises）了自身。[49]96

对威尼斯（以及其他地中海地区城市）那些经久不衰的特质进行反思可以得出，理性和进步并不足以充分解释现实城市的普遍规范化——包括对能产生颠覆和异见之空间的根绝——而企图进行管控才是更为令人信服的动机。

从地形的问题上考虑，列斐伏尔发现“地中海地区有一种引人注目的阶梯建筑”（architecture of stairway）。如果阶梯实现了“空间之间的联结”，那么它们“也”就能够确保“建筑（住宅、围合）时间与城市（街道、开放空间、广场、纪念建筑）时间的联结。”[49]97 他这样问道：“这样来看，难道阶梯不是场所化时间的最佳表现形式吗？”就如同地中海地区的其他地方，“难道威尼斯的阶梯没有为在城市中的行走规定节奏，并同时在不同节奏间建立联结吗？”[49]97 阶梯也可以作为人们进入城市的“引介性（initiatory）通路”，且在这一功能上比“城门或大道”更为称职，因为阶梯具有的“纪念物性”（monumentality）能够“将一种未知的，也即待发现的可以使一种节奏过渡为另一种节奏的‘条件’赋予意识和身体。”[49]97 要理解这一论断的真实性，我们只需回想一下自己熟悉的例子，比如某处的阶梯（哪怕只是一小段）被拆除，并被旨在使人流更为畅通的规范化或平缓化通道取代，或某处著名城市的室外新建阶梯后带来的节奏差异——后一种情况要较少见些。阶梯对身体的需求，包括身体活动和注意力集中，会促使人们产生一种正念（mindfulness），从而使阶梯所在之处更具存在感，并同时对该处和身体的节奏造成深刻影响。 116

在悲观主义：或言潜在的病态怀旧情绪，和切实的乐观主义中亦不乏一定程度的矛盾心理，在其间摇摆不定的列斐伏尔，为读者示范的是一种方法，其能够帮助我们全面考察强加于城市的那些改造，并认识到接受此类以**进步**、现代、新奇或效率为名的改造具有怎样的弊端。很显然，并不是所有改变都是好事，也并不是所有的审美、经济和发展潮流都能带来改善甚至收益。如果我们不能对再开发项目进行尽可能多方面的彻底考察就强行实施，就可能造成需要我们用一生或更长的时间去承受的消极后果。建筑师、金钱和权力都极度渴望在城市中留下印记，而对此我们需要进行细致的分析和审慎的质疑。列斐伏尔发现，能够感知城市之节奏的、更为平衡的思想态度“需要同样敏锐的眼睛、耳朵、头脑和心灵。记忆？是的，有了记忆，才能在转瞬即逝前把握当下的瞬间，而将当下的、也即在形形色色之节奏中展开的那些瞬间予以还原也是不可或缺的。”[30]36 这种方法在建议人们采取一种**倾听城市**以把握其中节奏之态度的同时，对于建筑师收集、表现信息以及传达设计思想的方法也有些暗示性意见：“没有任何相机，没有任何一张或一组影像能够展现这些节奏。”[30]36

117 资本的危害

列斐伏尔要我们警惕这样的事实：“资本会扼杀社会丰富性（richness）”，尽管它会“创造**私人财富**（Private riches），就像尽管其为能够于公众领域翻云覆雨的庞然大物，却仍旧会将个人推向‘首当其冲’的位置一样。资本会极大地加剧政治斗争，以至于各国政府与国家机构均对其俯首帖耳，”[30]53-54 而这样的警告可谓与建筑师密切相关。尽管建筑师或许会更倾向于认为自己，或所谓审美观照（aethetic concern）可以免受资本侵蚀，列斐伏尔却发现，“具有名声焦虑的建筑和建筑师会屈服于提供资金的**产业开发商**（property developer）。”与这一现象相应的，是“前资本主义建筑**与**社会生活的社群（communal）形态在全球范围内遭到了破坏，且对此除了一种尚处于萌芽状态的社会主义之外无物可以将其替代”[30]54。为了使读者对这一损失有所认识，列斐伏尔略述了与“社会丰富性”所对应的空间形式。他指出，这种形式“可追溯至前资本主义时期”“主要包括具有开放之纪念性（open monumentality）的公园、广场和大道等”。然而，在我们的时代，“在这一领域的投资愈发稀少”，即便是有，也往往已变为某种私人投资（从公益项目变为奢侈私产）。

列斐伏尔认为，社会丰富性已被一座座空洞的牢笼取代，这些牢笼“可以容纳任何商品”，是“用来中转与经过的、人们埋头思考自己之事的”场所［例如巴黎蓬皮杜中心及其中厅（forum）**购物中心**和纽约世贸中心］。[30]54 在他看来，资本“自我建构于对生活及生活之基础，即身体和生活节奏的藐视之上”，而这种藐视“本身又会给予生活光鲜亮丽的外表以及五花八门的炫示行为和意识形态以对后者进行慰藉。”[30]52 在资本的空洞空间中，建筑之所以如此艰难，正是因为“资本不用以建设，只用以生产；不启发新知，只再生产资本以及模拟生活。生产和再生产会契合于整齐划一之中。……**资本**毁灭自然，毁灭城镇。……它毁灭艺术创作，毁灭创造力。……它使人们失去与场所的具体联系[37]。”[30]53

118

尽管现状如此惨淡，但正如我之前所描述的，列斐伏尔可以算作裂隙哲人，因为他坚信以平庸、陈腐和重复为特征的日常或许看上去像是一套创新与改变无由产生的封闭体制，但其中却蕴含着“虽尚未被人们发现却确实存在”的革新与改变的可能。日常或许会迎合管控体制、官僚化和所谓人力资源管理的要求来束缚身体（这里既指作为个人也指作为社会存在的身体）从而扼杀变革，但正是这种看似无懈可击的、对标准化行为方式的规范在遮蔽可能性。革新确实可以生于重复，尽管人类“（看似）已被重复性手段驯服”。对于动物而言，给一点小甜头就可以保证重复性训练的成功，而人类则需要**仪式化（ritualise）**其他之机械式重复行为。列斐伏尔将这种驯服、调教动物并使之顺从的过程称为**驯马（dressage）**，在这一过程中，复杂的运动（movements）被根植于记忆之中并通过命令随时调用。列斐伏尔认为，驯马的过程与具体的时空息息相关，在不同文化以及特定文化的不同发展时期中均各不相同。因此，“我们不能认为动作（gestures）源于天性。”[30]38-39

日常或许会迎合管控体制、官僚化和所谓人力资源管理的要求来束缚身体——这里既指作为个人也指作为社会存在的身体——从而扼杀变革。

驯马或言训练确立的是一种通过重复得以内化的节奏，其目的的实现过程被认为是“习惯成自然”，因此不会受到质疑。在通过社会化来确保人变得驯良（conformity）的过程中，有组织的、自幼年时期开始的教育过程当然起到了一定的作用，但包括建筑学教育在内的职业教育亦然。看似天经地义的是，人们需要在一定程度上内化这种驯良，方能在社会和某个行业中正常生活与工作。然而若真的对此深信不疑，此类驯良却会迅速抹杀人们寻找想象、思索和行动之替代性方式的可能。社会化的反应和行为模式或许看似某种水到渠成的自然结果，但此类标准化过程的内化却绝非某些人所期望的那么四海一同。即使是在看似最为规范的体制内部，也必难免会出现一些不规范的事物，而也正是这些事物在开创新的契机：“节奏向不规范……的全面转化会产生对抗效应。其会**摆脱秩序**（throws out of order）并产生扰动。……其也可以产生一种空白，即一种时间中的空洞，而填补这一空白的只能是创新，是创造。……扰动和危机总是生于并影响着节奏。”[30]44

119

看似荒谬的是，当且事实上是仅当节奏中出现扰动时，创新才能产生。然而，若对此仔细思索，我们就能发现创新尽管仅能产生于危机，却仍然需要相对稳定的节奏作为基础。以此而论，进行节奏分析的主要目的之一，便既是去厘清那些使现状得以正常运转的节奏，也是去重新开始探寻能够催生可进一步扩大进而能够容纳创新的那些潜在危机点、扰动点或时间中的空洞（如之前所提到的裂隙）[38]。节奏与日常一样，均具有双重属性，它们既充当助长驯良的权威，亦为剧烈变革可产生之处。

资本的那种世俗化的时钟节奏对日常的侵蚀，具有使生活完全成为工作之附属品的风险。然而在当下，日常之中却“纵横交织着”列斐伏尔所谓的包括“日生日落、月盈月缺、春去秋来以及……生物节奏”的“宏大且富有生机的宇宙节奏”[50]73。他将这两种相对的节奏分别称之为由“单调乏味、令人心力交瘁”的“粗暴的重复”构成的“线性”节奏和“具有事件和开端之面目”并因此具有节奏感（rhythmic）的“循环（cyclical）”节奏。[50]73 对此进一步加以说明，列斐伏尔声称“唯有非机械式运动方能拥有节奏，这里所谓的非机械式运动涵盖摆脱了……量化领域，也即抽象地割裂于质量的量化领域之纯然机械性……的一切运动”，而“节奏……带来的一种差异化的时序、一种质化的持续时期。”[50]78 与此相对的，则是“**将单调重复强加于人**的量化钟表时序。”[50]76

120

节奏分析者与建筑师

列斐伏尔认为节奏是一种关联时空（space–time），这种观念强调时空的相互依存，从而质疑了将两者视为二元对立的传统认知。此外，节奏也是随时间流逝而发生的对空间的占据或改造。因此“节奏”将作为第四维度的时间引入三维空间概念，继而时空二者的关联又使时间关联于具体状况从而实现场所化。这种四维思路颇为有力地质疑了将建筑概念化为三维物（甚或二维物）的传统倾向。这里以凡·艾克为例，他就曾尝试社会化时空关系，从而建构一种将时空看作相互依存之双方且均与建筑密切相关的观念。凡·艾克将空间和时间重塑为“场所和时机”（place and occasion），尽管这种状态并不长久，如此一来却能使空间的抽象性（如无限延伸性、各向同性等）和时间的一般性（如重复性或线性）变得具体起来。凡·艾克和列斐伏尔的另一明显交集，在于两者均认为空间对时间（反之亦然）的影响是**相对**而非**绝对的**。人们对城市和建筑的使用永远具有节奏感，甚或多重节奏感，因为即使是那些惯常的栖居也总是能够随时改易（具有节奏感）而非一成不变（机械式，或言重复性）的某种形式的再栖居（re-habitation）。如此，列斐伏尔宣称“具体的时间具有，或更确切地说其本身即为节奏，而所有节奏都在表现时空关联，也即某种场所化（localize）的时间或时间化（temporalize）的空间。节奏总是关联于这样那样的空间。……我们要坚持节奏的相对性。……任何一种节奏只有与它所属的、由大量节奏构成的统一体中的其他节奏进行对比时方有快慢可言。”而这样的统一体，是一种**开放**而非**封闭**的整体。[49]89

121

比起西格弗里德·吉迪恩在《空间·时间·建筑》[22] 中提出的现代动态（modern dynamism）或勒·柯布西耶“漫步建筑”（promenade architecturale）的那种振奋人心之表演——其倾向于认为建筑的首要功能是作为一种物品供人观赏，当然这是针对人们从中穿行的时候——在建筑中实现时间与空间的耦合对于我们更有裨益。列斐伏尔的“时空”耦合（coupling），即凡·艾克类似地将其称为“场所与时机”，卒姆托则将之重拾为“习惯”或“临时用途”（improvised use）并强调了“身体事件”（bodily event）和理念展现了列斐伏尔对于“节奏与节奏分析”的关注确有助于揭示建筑的社会使命，并彰显人体在完成这一使命的过程中所占据的核心地位。人体无论是对于社会结构构建（structuring）与再构建（restructuring），还是对于容纳并支持此类构建之可能性的建筑与城市而言，均同时是主体、客体与范本，而重新认识到这一点，能够让我们更有希望实现一种更具人情味的建成环境。列斐伏尔对节奏和节奏分析之可能性的强调，正与凡·艾克彼此关联的相对性和“正确尺寸”（right size）概念相应。

温泉浴场（1996 年竣工），瑞士瓦尔斯镇，彼得·卒姆托设计

因为对于部分读者对实施节奏分析会有疑虑的事实有所预料，列斐伏尔特意强调了跨学科工作的重要性：“对城市进行节奏分析要涉及的东西或许看似相当驳杂，因为其需要应对一般分析工作往往不愿相混的多种观念与角度——包括时间与空间，公众与私人，国家政治与个人切身等，而这是为了将这些观念与角度统一起来。”[49]100 更重要的是，因节奏分析对时空进行了关联，故其本身即意味着知识的进步，因为在列斐伏尔看来，大部分学科都有将这两者看作“两类实体或两类泾渭分明的物质”的传统。更具体地说，列斐伏尔指出，“我们仍在将时间划分为实际生活中所体验的时间、计

122

量下的时间、历史时间、工作时间、业余时间、日常时间等等，且对这些时间的研究在大多数情况下并未虑及相关空间语境。”[49]89 因此，节奏分析不仅要将空间和时间概念化为彼此关联的双方，还要强调空间考察对于理解社会生活的重要性。同理，尽管“现有当代理论展示了时间与空间之间的关联，或更精确地说展示了双方如何相互影响”，而节奏分析则是从本质上抵抗至今持续在将两者分离的习惯。

节奏分析不仅要将空间和时间概念化为彼此关联的双方，还要强调空间考察对于理解社会生活的重要性。

将空间与时间概念化为互相关联的双方去理解可以鼓励我们去进行“客观比较的”而非“先验的”（a priori）或绝对性的分析。在列斐伏尔看来，“相对主义思考（relativist thought）需要我们去抵制一切具有决定性和不变性的观念”，因为任何“参照系（frame of reference）均只能是暂定和臆测的。”[50]83 更加具体地说，如果时空是相对的，它们也应取决于具体情境（situational），而这也便意味着它们会应时势而变。这样来看，我们不可能脱离生产空间（包括场所、建筑和城市）的时势来考察空间，这也间接地说明了建筑实无可能实现真正自主。而也正因为此，我们有必要对乌托邦进行反思并认识到其为一种辩证存在，而这种必要性如地理学家戴维·哈维在《希望的空间》中所展望的那样：社会进程之乌托邦的开放性（即其为了避免封闭而倾向于一种不确定性）可以与包括建筑与城市在内的**空间封闭**（spatial closure）之乌托邦抗衡。作为列斐伏尔的明确支持者，哈维认为辩证的乌托邦主义必定是一种“更有力的乌托邦主义”，其可以在“既源自我们目前可见的可能性、亦指明了人

123

类各地区间不均衡的发展所能采取的新方向的一种时空乌托邦主义（spatiotemporal utopisnism）——也即一种辩证乌托邦主义”中“将社会进程与空间形式”统一起来。[24]196

如之前所论，以“尽可能不使科学性与诗性相互割裂”为目标之一，节奏分析者能够从“以心理学、社会学和人类学为首”的多种学科中吸取养分，以着手对空间和时间同时进行考察。[49]87 唯有如此，节奏分析者才有可能去“像倾听一部交响乐或歌剧般倾听房屋、街道和城镇……节奏分析者以此便可知晓如何去倾听广场、市场和大道。”[49]87, 89 作为任务的一部分，节奏分析者也应“试图厘清谁是这样一部音乐作品的创作者、演奏者和目标听众。”当然同样重要的是，节奏分析者“有义务牢记……节奏的相对性。”[50]91

译者注释

① 知识（connaissance），括号内引号内容为原书英译者所加，“connaissance”为一语双关，同时可指意识和知识，故下句有“意识和知识”云云。

② 斯图尔特·艾尔登（Stuart Elden），现任教于英国华威大学（Warwick University），为政治理论与地理学教授。

③ 据本书索引，此处似漏掉了“hospital”一词。此指勒·柯布西耶的威尼斯医院（Venice Hospital）方案，其完成于1965年，此时距其逝世仅数月。

④ 差异场（differential field 或 differentiated field），此处指身体。列斐伏尔指出，“拜各种感官所赐……身体倾向于像一种差异场一般运作”（[37]384）。在这里列斐伏尔强调的是，身体的各种感官各有不同，所以其对空间的感知和需求也是多样性的，而简单化、同质化或碎片化的状况和方法（如视觉优先、劳动分工等）无法概括所有感知，也无法满足每种需求。

⑤ 本书此句逻辑与列斐伏尔原文（[30]5）有一定出入，中译文依据原文进行。

⑥ 节奏（rhythm），原文为“计量”（measure），且该句有一定的语法错误，考列斐伏尔原书及本书上下文，意脉实不通畅，恐均为笔误，中译文从“节奏”。

⑦ 计量（measure，或法文 la mesure），列斐伏尔的论述有意利用了该词的多义性。该词常规意义指（对节奏的）计量、测算等。但其亦为音乐术语，意为“小节”，暗指具有特定节拍时值与数目的音乐韵律。列斐伏尔本身即为音乐爱好者，其节奏分析理论也受到了20世纪音乐理论的很大影响，故此类具有双关意味的用词（同时具有一般意涵和音乐术语意涵）在其关于节奏分析的著作（因此本章亦然）中屡见不鲜，如“固化节拍/节拍器”（metronomic）、“和谐/和声”（harmony）、“工具/乐器”（instrument）、“龃龉/不协和音”（dissonance）等等。译文中不再一一列出。

⑧ 此段引文略有遗漏，中译文依据原文进行。

⑨ 大量难题（problem of vast number，或 great number problem，或 greater number problem），凡·艾克认为，前现代社会面临的难题主要来自物资、人口、科技手段等过少，而现代社会则恰恰相反。而建筑师并未做好准备应付此类难题，如贫民窟改造需要考虑更多贫民的安置问题，因此需要大量进行建造等，而大量建造就需涉及一些前现代社会未曾经历的问题，如下文所会涉及的大规模建筑装配等。可参见[70]及 Aldo van Eyck，“The enigma of vast multiplicity”, Harvard Educaiotnal Review, 39（4）: pp. 126–143。

⑩ 孩子（the child）。此处有双关义，既指通常意义上的相对于成人的（天真无邪）的孩子，也指列斐伏尔所引用的、19世纪德国著名哲学家、文化批评家弗里德里希·尼采（Friedrich Nietzshe, 1844–1900年）在其名作《查拉图斯特拉如是说》（*Also sprach Zarathustra: Ein Buch für Alle und Keinen*）中提出的人之精神的骆驼-狮子-孩子三种变化论中的孩子。孩子为该变化中的最高阶段，其“是纯洁，是遗忘，是一个新的开始”，也即摆脱世俗成见之枷锁，迈向自由创造的状态。可参见[德]尼采.查拉图斯特拉如是说[M].钱春绮译.北京：生活·读书·新知三联书店，2007年：pp. 21–23。

⑪ 建成的回家（Built Homecoming），凡·艾克提出的理论概念。艾克认为，对建筑的任何思考均不应脱离人（用户）而进行，因此应以人对特定建筑的

享用（appreciation）来对该建筑进行定义。以此而论，住宅就不应仅是“建成的家”，而是“建成的回家”，参见 [69]。

⑫ 彼得·卒姆托（Peter Zumthor, 1943 年 - ），当代瑞士著名建筑师，2009 年普利兹克建筑奖得主，以极简主义建筑设计闻名。

⑬ 7132 温泉浴场（7132 Thermal Baths），由彼得·卒姆托设计、1993-1996 年间建成的酒店 - 温泉水疗综合体建筑，位于瑞士格劳宾登州（Graubünden）瓦尔斯镇（Vals）唯一一处温泉之上。

⑭ 既是实指，也是喻指（both figuratively and literally），这里“内外”云云，并不仅是泛指思辨层面，也指分析者的实际处所。列斐伏尔的《节奏分析要素》第三章《凭窗所见》（*Seen From the Window*）（[30]27-37）便是基于他在朗比托街（R 街）的公寓凭窗观察街道进行的思考。他指出，阳台或窗口就是这样一种处所，其既在街道之上，又不在街道之中。

⑮ 亚马孙，总部位于美国西雅图的电子商务和云计算跨国服务公司，成立于 1994 年，现为全球最大的在线零售商。

⑯ 蓬皮杜中心（Centre Pompidou），亦因其地理位置通称博堡中心（Centre Beaubourg），全称乔治·蓬皮杜国家艺术文化中心（Centre national d'art et de culture Georges-Pompidou），为位于法国巴黎第四城区（4th Arrondissement）博堡街上（Rue du Beaubourg）的一处建筑综合体，该建筑群由法国总统乔治·蓬皮杜（Georges Pompidou）于在任期间（1969-1974 年）下令建造，故得名。其动工于 1971 年，1977 年竣工开放。该建筑群中有许多文化地标，如公共信息图书馆（Bibliothéque publique d'information）、国立现代艺术博物馆（Musée National d'ArtModerne）和声学及音乐协作研究院（Institut de Recherche et Coordination Acoustique/ Musique）等。

⑰ 高技派建筑（high-tech architecture），又称为结构表现主义（structural expressionism），为 20 世纪 70 年代兴起的现代主义晚期建筑风格流派，以在作品中融入高科技元素而得名。其代表人物包括英国建筑诺曼·福斯特、理查德·罗杰斯、西班牙建筑师圣地亚哥·卡拉特拉瓦、日本建筑师山崎实以及意大利建筑师伦佐·皮亚诺等。

⑱ 理查德·罗杰斯（Sir Richard Rogers, 1933 年 - ），意裔英籍著名建筑师，2007 年普利兹克建筑奖得主。

⑲ 伦佐·皮亚诺（Renzo Piano, 1937 年 - ），意大利著名建筑师，1998 年普利兹克建筑奖得主。

⑳ 彼得·莱斯（Peter Rice, 1935-1992 年），爱尔兰著名结构工程师，其作品中不乏世界地标性建筑，包括澳大利亚悉尼歌剧院和蓬皮杜中心等。

㉑ 美国国家航空航天局（National Aeronautics and Space Administration, NASA），成立于 1958 年，为美国联邦政府的独立机构，负责民用太空探索计划的制订与实施，以及与航空、航天及太空相关的研究工作等。

㉒ 建筑电讯派（Archigram），20 世纪 60 年代形成的英国建筑师团体，提倡新未来主义、反英雄主义以及消费主义。代表人物包括彼得·库克（Peter Cook, 1936 年 - ）、沃伦·查尔克（Warren Chalk, 1927-1988 年）等。

㉓ 广场，即蓬皮杜广场（Place Georges Pompidou），蓬皮杜中心西立面前的大型广场。

㉔ 玛莱区（Le Marais），亦译作沼泽区，其在塞纳河右岸，并非今日巴黎官方城

区，而是包括巴黎第三区和第四区的部分。其自中世纪至大革命期间为巴黎的贵族区，具有数量丰富、价值特出的历史建筑遗存。

㉕ 圣马丁街（Rue du Saint-Martin），蓬皮杜广场西侧的南北向街道。

㉖ 海滩（beach），此处并非实指。列斐伏尔在《空间的生产》一书中用“海滩”代指人类欲望可以得到充满满足的地方——“欢庆的场所、梦想的空间”（[37]353）。之所以使用该词，是因为他半开玩笑地指出：“海滩是人类在自然中找到的唯一可以享受快乐的场所”（[37]384）。蓬皮杜广场为街头艺人的表演场所，并时常有狂欢活动进行，故本书作者以“海滩”称之。

㉗ R 街（rue R.），即朗比托街（Rue du Rambuteau），为一条东西向小街，在蓬皮杜中心西北角不远，列斐伏尔曾住在该街边的一处公寓中。他在《节奏分析要素》中称：“从下临 R 街，面向 P 中心的窗口望去……”（[30]28），此处 P 中心指蓬皮杜中心。在该书此后的数页中，R 街和 P 中心是列斐伏尔用以论述尺度和日常生活节奏的互相对比的参照。

㉘ 最重要的（capital），列斐伏尔在此使用了双关（三关）修辞，“capital”作形容词可指“最重要的，最具影响力的”；作名词可指“首都”，亦可指“资本”。此句中三义兼有。

㉙ 老广场和现代广场。据原文（[30]35），此处现代广场指蓬皮杜广场，而老广场则包括圣梅里教堂（Église Saint-Merri）和圣婴喷泉（Fontaine des Innocents）各自周边的公共区域。前者为兴建于 1685-1690 年的中世纪教堂，在蓬皮杜中心南方；后者为兴建于 1547-1550 年的法国文艺复兴时期公共建筑，在蓬皮杜中心西面。两者距中心距离皆不足 200 米。另，本句的“纯真”（innocence）在原文中为对“圣婴”（innocents）的同源词双关。

㉚ 现代世界（Modernism），列斐伏尔在此处用以代指蓬皮杜中心。

㉛ 本段引文有数处漏引和误引，导致句意不清。中译文依据原文补正。

㉜《周末夜狂热》（*Saturday Night Fever*），1977 年美意合拍电影，约翰·巴德姆（John Badham）导演，约翰·特拉沃尔塔（John Travolta）、凯伦·琳恩·格尔尼（Karen Lynn Gorny）主演。

㉝ 北欧，在此并非 Northen Europe，指斯堪的纳维亚四国及冰岛、格陵兰等，而是“北欧人种”（Nordic race）中的北欧，其分布范围包括斯堪的纳维亚、冰岛、英国、荷兰、德国北部、波兰北部、波罗的海沿岸诸国等，这些地区语言分属日耳曼及波罗的语族。该词多用于与地中海人种（Mediterranean race）相对，后者主要分布于地中海沿岸及周边地区，包括南欧、北非、西亚，甚至可延伸至中亚中部及南亚等等。

㉞ 日城（solar town）和月城（lunar town），列斐伏尔指出，大洋沿岸的城市往往有（月球引力造成的）规律的潮汐现象，具有月亮盈缺的节奏，故为月城；而地中海“（几乎）没有潮汐”，因此在地中海地区城市中“太阳升落的时间规律占据最重要地位”（[49]91），故为日城。

㉟ 卡萨诺瓦，即吉亚科莫·吉洛拉莫·卡萨诺瓦（Giacomo Girolamo Casanova, 1725-1798 年），18 世纪威尼斯共和国（Repubblica di Venezia, 1697-1797 年）冒险家，作家。其代表作《我的一生》（*Histoire de ma vie*）因真实地描述了 18 世纪欧洲社会生活，具有极为珍贵的研究价值。

㊱《战国妖姬》（*Senso*），直译为“情感”或“情欲”，国内通译“战国妖姬”，为 1954 年上映的意大利历史电影，为卢齐诺·维斯康蒂（Luchino Visconti, 1906-1976 年）导演，法尔利·格兰杰（Farley Granger）、艾莉姮·瓦利

（Alida Valli）主演。其改编自意大利作家卡米洛·博依托（Camillo Boito, 1836-1914 年）创作于 1882 年的同名短篇小说，电影 / 小说以 1866 年意大利独立战争前夕的威尼斯为背景。

㊲ 原句为“It dislocalises human”，而本书作者将“dislocalise”（去场所化）误引为“dislocate”（失位化），两词差距在此句中不大。

㊳ 本书此句有轻微语法问题，中译文在揣测作者文意的基础上进行意译。

结论：另一种尺度？

> 分析和知识的前提既包括概念（范畴），也包括某种出发点（其使我们创建并测定尺度成为可能）。我们知道一种节奏只有在与其他节奏（通常为我们自身的节奏：如行走、呼吸和心跳的节奏等）的参照中方有快慢可言，且尽管每种节奏都有其自身独特的计量标准——如速度、频率和连贯性等——这一点也依然成立。每个人均有自然形成的偏好、参照对象和频率，而唯有将这些偏好、参照对象和频率与自身进行比照，才能真正领会各种节奏。这里所言的自身，不仅包括心跳与呼吸，也包括工作、休息、醒来和入睡的时间。[30]10

贯穿本书的写作意图主要有三：首先，向包括建筑师和其他致力于创造与构建建筑和城市的人们在内的读者介绍列斐伏尔在空间、日常生活、乌托邦和城市等课题上的研究；其次，将列斐伏尔的著述以一种更通俗易懂的形式直接呈现给上述读者；最后，揭示列斐伏尔思想对于建筑和其他相关专业当下的理论与实践所具有的经久不衰的价值。这些意图若稍能如期实现，则这本小书或可推动建筑师去思其所思，这也需以反思自身的习惯、实践和疏忽为开端。而将这些作为建筑行业之特征的习惯、实践和疏忽视作某种理所当然和天经地义的态度，在如今实可谓太过于屡见不鲜。

如果说我们能从列斐伏尔那里学到些什么，那就是应认识到，任何看似确定无疑、在我们眼中合理周备、无懈可击的事物不仅是自命不凡的标榜，更蕴含着革故鼎新的良机。每当我们过分相信某种状况确如其表象般在所难免，那么一道裂隙也定会随之出现，而无论过程多么缓慢，这道裂隙也必能够进一步扩大，直到其他可能性的曙光可以从中照射进来，而在不久前尚看似不可能之事，也会最终具有切实的可能性。对于建筑师而言，没有哪种乐观主义会比此更具价值。

125

然而，在向列斐伏尔取经的这既包括对他思想直接的继承，也包括间接借鉴以帮助我们发展自己思想的过程中不能忘记的是，即便是在构想一种全新未来的过程中，他也始终没有忽视身体和对过去的传承。列斐伏尔批判的对象并非文明或传统，而是在现代科技时代中资本所造成的那些扭曲。且不论其他观念，以身体为中心始终是其研究的首要导向：

> 正如古时毕达哥拉斯的名言，人（作为物种）之物质和精神存在确为世界的尺度。这不仅在于我们的知识以我们的构造（constitution）为参照，更在于世界于我们眼前展开的部分（包括自然，大地和我们眼中的天空，以及身体及其所处的社会关系)亦以构造为参照。这里的构造，所指的并非某种先验的范畴，而是我们的感觉及可利用的器官。从更哲学的角度来看，另一种尺度将会带来另一个世界——世界无疑还是原来的世界，但我们对其的把握却会有所不同。[90]83

然而，在向列斐伏尔取经的这既包括对他的思想直接继承，也包括间接借鉴以帮助我们发展自己思想的过程中不能忘记的是，即便是在构想一种全新未来的过程中，他也始终没有忽视身体和对过去的传承。

在这个虚拟技术愈加发达的时代，人是世界之尺度，也

126 即以人为框架来考察一切自然和人工物的这一观念即使在宽容的目光中，也已如明日黄花。然而，建筑师忽视人类形体的连续性所造成的后果，却需要他们自己来承担。就像列斐伏尔所宣称的那样，重拾这样的观念显然并不会扼杀创新，且能将创新置于具体的语境之中：

“社区建构：人塔”（塔拉戈那叠罗汉大赛[①]训练情况）
西班牙塔拉戈那，2012 年 7 月

> 人类依照宇宙运动的最核心内容来进行自身的行动。……一切的制作、形塑和生产活动均以这一尺度为基础。……这就是大地的尺度，也即在大地之上所发生

之偶然与展开之循环的尺度。……被创造出来的事物却不会固守，且将超越或改善这一尺度。[50]83

因此，尽管身体尺度与世界尺度间的交互永无休止，列斐伏尔却预言，这样的尺度终将被超越或改善。然而，这却并非必然是一场你死我活的争斗。可以说，我们若想在工作中成功地克服这样的矛盾，就必须去改变这一状况，或更为具体地说，必须去将这个世界改造成为日常生活那种社会化的、与人切身相关的节奏可以充分展开的家园。 127

译者注释

① 塔拉戈那叠罗汉大赛（Concurs de castells de Tarragona），又译为塔拉戈那叠人塔大赛，为西班牙塔拉戈那 (Tarragona) 市举办的叠罗汉大赛，一般于双数年 10 月的第一个星期日进行，比赛地点为塔拉科竞技场（Tarraco Arena Plaça）。该比赛于 1932 年首次举办，此后时有停办，此处提及的 2012 年大赛为第 24 届。另，塔拉戈那是西班牙加泰罗尼亚自主区 (Catalunya) 东南部的地中海沿岸城市，为塔拉戈那省首府。

延伸阅读

尽管列斐伏尔对于建筑思考的影响无法否认，但正如建筑理论家肯·迈克尔·海斯①所指出的，“他的研究并未为建筑理论界所充分发扬。”[25]175 这样来看，尽管本书想要起到研究综述的作用，建筑学领域内直接探讨列斐伏尔的著作却并不丰富。因此，能够进行关于列斐伏尔之延伸阅读的最佳材料，正是他自己的著作。尽管不是全部，但他 60 余部著作中不乏已面世之英译版。而延伸阅读的起点，很显然应为占据了本书最多篇幅的《空间的生产》[37] 和《节奏分析》[31]。在这两本之后，则应该是《城市权利》[42] 和《日常生活批判》（三卷）②。此外，读者也可参阅著于 1973-1974 年间，英译出版近年面世的《追寻欢享建筑》[29]。

在建筑学圈内，与列斐伏尔气质相似的建筑史家和理论家当属约瑟夫·里克沃特③，尽管前者似乎从未提及后者，后者却至少有一次谈到过前者。[58]265, n. 5 抛开这点不论，若本书能够引起读者对列斐伏尔的关注，并进一步培养他们从社会角度反思建筑的兴趣，那么热心的读者则可以通过里克沃特从《城之理念：有关罗马、意大利及古代世界的城市形态人类学的新描述》（1963 年首次出版）[59]④ 到《场所的诱惑——城市的历史与未来》（2000 年首次出版）[58] 的一系列著作，以及列斐伏尔的《空间的生产》中考察两人研究的一致之处。

本书导言部分已经提到，荷兰建筑师阿尔多·凡·艾克的实践可以说是列斐伏尔式的。因此，他的建筑作品和著作为我们提供了展现列斐伏尔理论的实践案例。读者为此可以阅读《作品》[68] 和《著作》[67]，前者介绍了凡·艾克的建筑作品，后者则收入了其全部著作。在此之外，读者若欲进一步了解凡·艾克，还可参阅拙作《乌托邦与建筑》[16]。

更为明确地探讨列斐伏尔与建筑师和建筑之关系的著作，则包括卢卡什·施塔内克⑤近年出版的《亨利·列斐伏尔论空间：建筑、城市研究和理论生产》[64]，以及《集体管理：亨利·列斐伏尔在新贝尔格莱德》[3]。后者收入了列斐伏尔所写的一段文字，该段文字原附于当时与他合作的几位法国建筑师在 1986 年南斯拉夫政府组织的新贝尔格莱德⑥城市结构改善国际竞赛（Internatioal Competition for the New Belgrade Urban Structure Improvement）的参赛作品中。

若欲初步了解其他思想家对列斐伏尔理论的发扬，可参见地理学家戴维·哈维的《叛逆的城市》[23] 与《希望的空间》[24]⑦。最后，有必要介绍一下在耶鲁大学教授设计课程的建筑师德博拉·伯克和史蒂文·哈里斯⑧编纂的《日常建筑》[2]。该书进行了一次饶有趣味的尝试，收入了多位作者撰写的一系列论文，以求将列斐伏尔对日常的关注转化为对“日常之于建筑理论和实践之意义”的清晰考察。

译者注释

① 肯·迈克尔·海斯（K. Michael Hays, 1952 年 –），当代美国建筑理论家，现为美国哈佛大学设计学院教授。

② 关于《日常生活批判》三卷的英译版，第一卷见 [48]，第二卷见 [46]，第三卷并未被本书作者列于参考文献，特此补出：*Lefebvre, H. (1981/2008) Critique of Everyday Life Volume 3: From modernity to modernism*, trans. Gregory Elliott, London: Verso. 另，该书全部三卷的汉译版已于近年出版，见亨利·列斐伏尔 . 日常生活批判 [M]. 叶齐茂，倪晓晖译 . 北京：社会科学文献出版社，2018 年 .

③ 约瑟夫·里克沃特（Joseph Rykwert CBE, 1926 年 –），波兰裔著名建筑理论家，现为美国宾夕法尼亚大学（University of Penssylvania）退休教授。

④ 译名引用刘东洋所译、中国建筑工业出版社 2006 年出版的该书中文版。

⑤ 卢卡什·施塔内克（Łukasz Stanek），现为英国曼彻斯特大学大学环境、教育与发展学院（School of Environment, Education and Development）建筑学副教授。

⑥ 新贝尔格莱德（Novi Beograd），为现塞尔维亚首都贝尔格莱德 17 个城区之一，其位于萨瓦河（Sava）左岸，为，为塞尔维亚乃至东南欧的商业中心之一。该城区于 1948 年开始规划建设，此前为无人区，以其相对于旧贝尔格莱德，故得名。

⑦ 两书中文版见戴维·哈维：《叛逆的城市：从城市权力到城市革命》[M]. 叶齐茂，倪晓晖译 . 北京：商务印书馆，2014；及戴维·哈维，《希望的空间》[M]. 胡大平译 . 南京：南京大学出版社，2006 年 .

⑧ 德博拉·伯克（Deborah Berke）与史蒂文·哈里斯（Steven Harris），均为当前主要执业于纽约的美国建筑师，同时亦为美国耶鲁大学建筑设计兼职教授。

参考文献

[1] Augé, M. (1995) *Non-Places, Introduction to an Anthropology of Supermodernity*, trans. John Howe, London: Verso.

[2] Berke, D. and Harris, S., Eds. (1997) *Architecture of the Everyday*, New York: Princeton Architectural Press.

[3] Bitter, S., Weber, H. and Derksen, J., Eds. (2009) *Autogestion: Or Henri Lefebvre in New Belgrade*, Berlin: Sternberg Press. 本书刊有一篇列斐伏尔未发表稿件的扫描件，该稿件为新贝尔格莱德设计竞赛一件参赛作品的附件。

[4] Bloch, E. (1959) 'Building in Empty Spaces', reprinted in *The Utopian Function of Art and Literature: Selected Essays* (1988), trans. Jack Zipes and Frank Mecklenburg, Cambridge，MA: MIT Press.

[5] Boersma, L. (2005) 'Constant' (Interview with Constant), *BOMB 91* (spring) , ART, available online at: http://bombsite.com/issues/91/articles/2713 [Accessed 30 August 2013].

[6] Coleman, A. (1985) *Utopia on Trial*, London: Hilary Shipman.

[7] Coleman, N. (2014) 'Architecture and Dissidence: Utopia as Method', *Architecture and Culture*, vol. 2, no. 1 March, pp. 45-60.

[8] Coleman, N. (2013a) 'Building in Empty Spaces': Is

Architecture a “Degenerate Utopia” ?’, *Journal of Architecture*, vol. 18, no. 2 April, pp. 135-166.

[9] Coleman, N. (2013b) ‘Recovering Utopia’, *Journal of Architecture Education*, vol. 67, no. 1 March, pp. 24-26.

[10] Coleman, N. (2013c) ‘Utopian Prospect of Henri Lefebvre’, *Space and Culture*, vol. 16, no. 3 August, pp. 349-363.

[11] Coleman, N. (2012a) ‘Utopia and Modern Architecture?’, *Architectural Research Quarterly*, vol. 16, no. 4 December, pp. 339-348.

[12] Coleman, N. (2012b) ‘Utopic Pedagogies: Alternatives to Degenerate Architecture’, *Utopian Studies*, vol. 23, no. 2 December, pp. 314-454.

[13] Coleman, N., Ed. (2011) *Imagining and Making the World: Reconsidering Architecture & Utopia*, Oxford: Peter Lang.

[14] Coleman, N. (2008) ‘Elusive Interpretations’, Cloud-Cuckoo-Land, *International Journal of Architectural Theory*, Special Issue on the Interpretation of Architecture (1) , Theory of Interpretation, vol.12, no. 2 December 2008, available online at: http://www.cloud-cuckoo.net/journal1996-2013/inhalt/en/issue/207/Coleman/coleman.php [Accessed 14 November 2014].

[15] Coleman, N. (2007) ‘Building Dystopia’, *Rivista MORUS-Utopia e Renascimento* (Brasile) , no. 4, pp. 181-192.

[16] Coleman, N. (2005) *Utopias and Architecture*, Abingdon, Oxon: Routledge.

[17] Daniel, J. O. and Moylan, T., Eds. (1997) , *Not Yet, Reconsidering Ernst Bloch*, London: Verso.

[18] Eiden, S. (2001) 'Politics, Philosophy, Geography: Henri Lefebvre in Recent Anglo-American Scholarship', *Antipode*, vol. 33, no. 5 November, pp. 809-825.

[19] Fisher, M. (2009) *Capitalist Realism: Is There No Alternative*?, Ropley, Hants: O Books.

[20] Frampton, K. (1980/2007) *Modern Architecture: A Critical History*, 4th revised edition, London: Thames and Hudson Ltd.

[21] Gardiner, M. E. (2004) 'Everyday Utopianism, Lefebvre and His Critics', *Cultural Studies*, vol. 18, no. 2/3 March/ May, pp. 228-254.

[22] Giedion, S. *Space, Time and Architecture. The Growth of a New Tradition* (1948) , Fifth Edition, Revised and Enlarged (1966, 1982) , Cambridge, MA: Harvard University Press.

[23] Harvey, D. (2012) *Rebel Cities: From the Right to the City to the Urban Revolution*, London: Verso.

[24] Harvey, D. (2000) *Spaces of Hope*, Berkeley, Los Angeles: University of California Press.

[25] Hays, K. M. (2010) *Architecture's Desire, Reading the Late Avant-Garde*, Cambridge, MA: MIT Press.

[26] Hays, K. M. Ed. (2000) *Architecture Theory since 1968*, Cambridge, MA: Columbia Books on Architectue / MIT Press.

[27] Hays, K. M. Ed., (1998) *Oppositions Reader*, New York: Princeton Architectural Press.

[28] Heynen, H. (1999) *Architecture and Modernity: A Critique*, Cambridge, MA: MIT Press.

[29] Lefebvre, H. (2014) Toward and Architecture of Enjoyment, Stanek, Ł, ed., trans. Robert Bonono, Minneapolis: Univerity of Minnesota Press.

[30] Lefebvre, H. (1992/2004) 'Elements of Rhythmanalysis: An Introduction to Understanding Rhythm', in *Rhythm-analysis: Space, Time and Everyday Life*, trans. Stuart Elden and Gerald Moore, New York & London: Continuum, pp. 1-69.

[31] Lefebvre, H. (1992/2004) *Rhythmanalysis: Space, Time and Everyday Life*, trans. Stuart Elden and Gerald Moore, New York & London: Continuum.

[32] Lefebvre, H. (1987) 'The Everyday and Everydayness', trans. Christine Levich, *Yale French Studies*, no. 73, Everyday Life, pp. 7-11.

[33] Lefebvre, H. (1986/2009) 'International Competition for the New Belgrade Urban Sturcture Improvement', in *Autogestion, or Henri Lefebvre in New Belgrade,* eds. S. Bitter, H. Weber and J. Derksen, Berlin: B Sternberg Press and Fillip Editions, pp. 1-32.

[34] Lefebvre, H. (1986) 'Hors du Centre, point de Salut?' (No Salvation Away From the Centre?) , *Espaces Temps*, 33, pp. 17-19, reprinted in *Writings on Cities* (1996) , trans. ElanoreKofman and Elizabeth Lebas, Oxford: Wiley-Blackwell, pp. 205-208.

[35] Lefebvre, H. (1978) 'Space and the State', *De l'État*, vol. 4, Union Générale d'Éditions, Paris, reprinted in Brenner,

N. and Elden, S., eds. (2009) *State, Space, World: Selected Essays*, trans. Gerald Moore, Neil Brenner and Stuart Elden, Minneapolis: University of Minnesota Press, pp. 224-253.

[36] Lefebvre, H. (1976) 'Réflexions sur la politique de l'espace'(Reflections on the Politics of Space), Espaces at sociétés 1, pp. 3-12, reprinted in *Antipode 8*, no. 2, pp. 30-37, trans. Michael J. Enders, reprinted in Brenner, N. and Elden S., eds. (2009) *State, Space, World: Selected Essays*, trans. Gerald Moore, Neil Brenner and Stuart Elden, Minneapolis: University of Minnesota Press.

[37] Lefebvre, H. (1974/1991) *The Production of Space*, trans. Donald Nicholson-Smith, Oxford: Wiley-Blackwell.

[38] Lefebvre, H. (1972) 'Preface', in Boudon, P. *Lived-in Architecture: Le Corbusier's Pessac Revisited*, trans. Gerald Onn, Cambridge, MA: MIT Press.

[39] Lefebvre, H. (1971/1984) *Everyday Life in the Modern World*, trans. Sacha Rabinovitch, New Brunswick, NJ: Transaction Publishers.

[40] Lefebvre, H. (1970) 'Reflections on the Politics of Space', reprinted in Brenner, N. and Elden, S., eds. (2009) *State, Space, World: Selected Essays*, trans. Gerald Moore, Neil Brenner and Stuart Elden, Minneapolis: University of Minnesota Press, 167-184.

[41] Lefebvre, H. (1970) 'Time and History', from *La Fin de l'histoire*, Paris: Éditions de Minuit, and 2ᵉédn. (2001), Paris: Anthropos, reprinted in Lefebvre, H. (2003) Key Writings, eds. S. Elden, E. Lebas and E. Kofman (trans.

Unspecified), New York: Continuum, pp. 177-187.

[42] Lefebvre, H. (1968a) *The Right to the City*, reprinted in *Writings on Cities* (1996) , trans. E. Kofman and E. Lebas, Oxford: Wiley-Blackwell, pp. 63-181.

[43] Lefebvre, H. (1968b) *The Sociology of Marx*, trans. Norbert Guterman, London: Allen Lane, The Penguin Press.

[44] Lefebvre, H. (1966) 'Preface to the Study of the Habitat of the "Pavillon"', from Raymond, H., Raymond, M-G., Haumont, Norbert and Coornaert, M., *L'Habitat pavill-onnaire*, Paris: Éditions du CRU, reprinted as 'Introduction ἀ l'étude de l'habitat paillonnaire' (2001) in *Du Rural ἀ l'urbain*, 3^{e}édn, Paris: Anthropos, reprinted in Lefebvre, H. (2003) *Key Writings*, eds. S. Elden, E. Lebas and E. Kofman (trans. Unspecified), New York: Continuum, pp. 121-135.

[45] Lefebvre, H. (1962/1995) *Introduction to Modernity: Twelve Preludes, September 1959-May 1961*, trans. John Moore, London: Verso.

[46] Lefebvre, H. (1961a/2008) *Critique of Everyday Life Volume II, Foundations for a Sociology of the Everyday*, trans. John Moore, London: Verso.

[47] Lefebvre, H. (1961b/2003) 'Elucidations', from *Critique de la vie Quotidienne II: Fondements d'unesociologie de la quotidinneté*, Paris: L'Arche, pp. 7-8, reprinted in Lefebvre, H. *Key Writings*, eds. S. Elden, E. Lebas and E. Kofman, (trans. Unspecified) , New York: Continuum, pp. 84-87.

[48] Lefebvre, H. (1947/1958/2008) *Critique of Everyday Life Volume 1*, trans. John Moore, London: Verso.
[49] Lefebvre, H. and Régulier, C. (1986/2004) 'Essai de rythmanalyse des villes méditerranéennes', ('Attempt at the Rhythmalysis of Meditteranean Cities'), *Peuples Méditerranéens*, 37, reprinted in Lefebvre, H. (1992) *Éléments de rythmanalyse: Introduction à la connaissance des rythmes*, Paris: Éditions Syllepse, pp. 97-109, and in English in *Rhythmanalysis: Space, Time and Everyday Life*, trans. Stuart Elden and Gerald Moore, New York & London: Continuum, pp. 87-100.
[50] Lefebvre, H. and Régulier, C. (1985/2004) 'Le projet rythmanalytique' (The Rhythmanalytical Project') . *Communications*, 41, pp. 191-199, reprinted in Lefebvre, H. (2004) *Rhythmanalysis: Space, Time and Everyday Life*, trans. Stuart Elden and Gerald Moore, New York & London: Continuum, pp. 71-83.
[51] Levitas, R. (2013) *Utopia as Method: The Imaginary Reconstitution of Society*, Houndmills, Basingstoke, Hampshire: Palgrave Macmillan Ltd.
[52] Levitas, R. (2000) 'For Utopia: The (limits of the) Utopian function in late capitalist society', *Critical Review of International Social and Political Philosophy*, vol. 3, no. 2, pp. 25-43.
[53] Löwy, M. and Sayre R. (2001) *Romanticism Against the Tide of Modernity*, trans. Catherine Porter, Durham, NC: Duke University Press.
[54] Marx, K. (September 1843) 'Letter to Arnold Ruge',

quoted in Bloch, E. (1995) *The Principle of Hope* (Das Prinzip Hoffnung), Volume I, trans. Neville Plaice, Stephen Plaice and Paul Knight, Cambridge, MA: MIT Press, pp. 155–156.

[55] Moylan, T. and Baccolini, R., Eds. (2007) *Utopian Method Vision, the Use Value of Social Dreaming*, Oxford: Peter Lang.

[56] Ross, L. (1983/1997) 'Henri Lefebvre on the Situationist' (Lefebvre interviewed) , trans. Kristin Ross, *October*, no. 79 (winter) , pp. 69–83, available online at: www.notbored.org/lefebvre-interview.html [Accessed 30 August 2013].

[57] Rowe, C. and Koetter, F. (1978) *Collage City*, Cambriedge, MA: MIT Press.

[58] Rykwert, J. (2002) The Seduction of Place: The History and Future of Cities [2000], New York: Vintage Books.

[59] Rykwert, J. (1988) *The Ideas of a Town: The Anthropology of Urban Form in Rome, Italy, and the Ancient World* [1963], Cambridge, MA: MIT Press.

[60] Sarkis, H., Ed. (2001) *Le Corbusier's Venice Hospital*, Munich: Prestel.

[61] Sargent, L. T. (2006) 'In Defense of Utopia', *Diogenes*, vol. 53, no. 1, pp. 11–17.

[62] Shields, R. (1999) *Lefebvre, Love and Struggle, Spatial Dialectics*, Abingdon, Oxon: Routledge.

[63] Somol, R. E., Ed. (1997) *Autonomy and Ideology, Positioning an Avant-Garde in America*, New York: Monacelli Press.

[64] Stanek, L. (2011) *Henri Lefebvre on Space: Architecture, Urban Research, and the Production of Theory*, Minneapolis: University of Minnesota Press, 2011.

[65] Strauven, F. (1998) *Aldo van Eyck: The Shape of Relativity*, trans. Victor J. Joseph, Amsterdam: Architectura & Natura Press.

[66] Tafuri, M. (1973/1976) *Architecture and Utopia: Design and Capitalist Development*, trans. Barbara Luigia La Penta, Cambridge, MA: MIT Press.

[67] van Eyck, A. (2008) *Aldo van Eyck: Writings, vol. 1: The Child, the City and the Artist; vol. 2: Collected Articles and Other Writings 1947-1998*, The Netherlands: Sun Publishers.

[68] van Eyck, A. (1999) *Aldo van Eyck, Works*, trans. Gregory Ball, Basel: Birkhauser.

[69] van Eyck, A. (1967) 'Labyrinthian Clarity', *Forum*, July, p. 51, reprinted in *Aldo van Eyck: Writings, vol. 1: The Child, the City and the Artist*; *vol. 2: Collected Articles and Other Writings 1947-1998*, The Netherlands: Sun Publishers, pp. 472-473.

[70] van Eyck, A. (1962) 'Steps Toward a Configurative Discipline', *Forum 3*, August, pp. 81-93, reprinted in Ockman, J. (1993) , *Architecture Culture: 1943-1968*, New York: Rizzoli and Columbia, pp. 348-360.

[71] van Eyck, A. (1961) 'The Medicine of Reciprocity Tentatively Illustrated', Forum, April-May, reprinted in *Aldo van Eyck: Writings, vol. 1: The Child, the City and the Artist*; *vol. 2: Collected Articles and Other Writings*

1947–1998, The Netherlands: Sun Publishers, pp. 312–323.

[72] Vitruvius. (ca. first century BC/1914) *The Ten Books on Architecture*, trans. Morris Hicky Morgan, Cambridge, MA: Harvard University Press.

索引

1. 本索引列出页码为英文版原书页码。为方便读者检索，本书已将原书页码作为边码附于文中两侧。

2. 为求行文通顺，同一英文词或有不同译法，并录于本索引中并以“/”隔开。

说明：粗体页码指图片内容。

A

absolute 绝对（的）10: a priori character of 先验的特性 122; Cartesian notions of space 笛卡儿空间观念 113; conceptions of space 空间观念 26; knowledge 知识 48; love 爱 48; as opposed to relative 对立于相对 120; problem 问题 97; space 空间 54，55。

absolutism 绝对主义 49; political 政治专制主义 26。

absolutist 绝对主义式：abstractions 绝对主义式抽象化 43; tendencies of Cartesian logic 笛卡儿逻辑的倾向 59; tendency of Utopia 乌托邦的倾向 44。

abstract（ing）抽象的 / 抽象化（的）36，42，44，46，55，63-64，66，96; abstract nature of mathematical theories 数学理论的抽象性 59; bureaucracies 官僚机构 73; in relation to Cartesian notions 笛卡儿式观念 113; detached from quality 割裂于质量 119; and mathematical detachment 和数学的疏离态度 59; opposite of 对立于 95; and reductive 抽象与简化 90; representations of space as 空间的表征

62，82; space 空 间 53-55，66-67，86，92，95，120; space conceptualized as 概念化空间为抽象物 80; space of capitalist production 资本主义生产的空间 55; systems 体制 47; tendencies in architecture 建筑的抽象化倾向 65; and theoretical 抽象与理论 81; thought 抽象思维 73; Utopia and its loss of edge 抽象化的乌托邦失去优势 48; Utopia as abstract ideal 作为抽象理想的乌托邦 47; utopias 抽象乌托邦 31; in relation to the visual 视像考量和抽象思维 105。

abstractions（s）抽象化 / 抽象概念 / 抽象物: as analogous to control 反映管控[①]69; architectureimagained as 将建筑想象为抽象概念 63; in relation to capitalist reduction and alienation 资本主义简化论及异化带来的抽象化 44; dissociative 使对象分崩离析 44; dominance of 大行其道 82; dominance of the visual in relation to 引起视像因素占据主导地位 70; of dominant space 占据宰治地位之空间的抽象化 55; of mental spaces as separate from real space 抽象化所属的心理空间与真实空间的分离 59; in relation to power and reductionism 权力，抽象化和简化论 85; preventing the drift towards 避免沦为抽象概念 78; in relation to the production of space 关联于空间的生产 70; pure 纯粹的抽象 96; representations of space as 作为抽象化的空间的表征 82; of space 空间的抽象化 43，59; space conceived of as 将空间构想为抽象概念 60，79; of theoretical practices 理论实践的抽象化 59; Utopia characterized as 乌托邦的表现 47。

Adorno, Theodor W. 西奥多 · 阿多诺 13。

① 此处与正文有出入。——译者注

aesthetic（s） 审 美 / 美 学 116: apparent social and political neutrality 表面上的社会与政治中立 110，117; appreciation in relation to architecture 建筑的审美欣赏 59; as bound to ethics 与伦理难分难解 20; as delight alone 仅限于愉悦 32-33; as divorced from ethics 割 裂 于 伦 理 65; Lefebvre's project in oopposition to 列斐伏尔的研究与审美考量的不同 32，43。

Alberti, Leon Battista and Lefebvre 莱昂·巴蒂斯塔·阿尔伯蒂与列斐伏尔 6。

alienation 异化 / 异化效应: alternatives to（disalienation）逃离异化的出路（去异化 / 反异化）33-4，104，107; in built environment 建成环境的异化效应 5，52; in relation to capitalism 资本主义带来的异化效应 23，33，44; contribution of system-building to 体制构建加剧异化 8; and dissolution of formal boundaries 异化与形式边界的消解 57; in relation to division and isolation 分割和孤立导致异化 57，105; of individuals 个人的异化 56; in relation to loss of more directly experienced life 无法更直接体验生活带来异化 28; and modern city 异化与现代城市 23，105-109; overcoming of 克服异化效应 33; spread of 异化效应的蔓延 33。

alternative（s）出路 / 替代性方案 / 替代性方法 / 其他选择: achievable step by step 可步步为营地实现 41; antithesis of 别无出路 2; to architectural practices 建筑实践的替代性方法 7，11，73，86-86，95，103; arising out of the everyday 产生于日常 49; being for 寻找新出路 67; built environment as testing ground for 建成环境作为测试替代性方案的场地 44; to capitalism, Marxism as 马克思主义为资本主义的替代

性体制 7，concrete 切实可行的出路 4; constant possibility of 可能性始终存在 40; difficulty of imagining 构想出路的困难 9-11，14，18，77，118-119; difficulty of realizing 实现出路的困难 32; ebbing of hope for 对出路的期待日渐式微 34-35; foundation of in the past（and in memory）寻找出路的基础在过去（和记忆）之中 21，25-26，30，31-32，34，41-42，73-74; imagining 构想出路 5，6，14，22，77，91; persisting in memory 在人类记忆中挥之不去 41，42; realisation of 实现出路 42，in relation to Revolutionary Romanticism 革命性浪漫主义带来的出路 33-34; self-determination as 居民自决的替代性方案 32; social and spatial arrangements 社会和空间安排; and social progress 出路和社会进步 29; to space and life 空间和生活的替代性方案 36; to spatiality of bureaucracy 官僚主义空间的替代性方案 40; suggested by Lefebvre and van Eyck 列斐伏尔和凡·艾克指出的替代性方案 7，93-4; undefined 暧昧不明的出路 26; in relation to Utopia 乌托邦带来的出路 7，18，22，34，36，38，40-1，46，50-1，66; utopianism as a method for testing 用以测试替代性方案的乌托邦主义 45。

Amsterdam Orphanage 阿姆斯特丹孤儿院 8，94

anticipatory 期许未来: function of hope 希望的功用 30; in opposition to compensatory 对立于补偿 31。

architect（s）建筑师: and autonomy 建筑师与自主性 35; as brand 作为品牌 87; claims for their work 作品志存高远 49; counter-projects 替代性任务 / 替代性项目; as doctors of space 作为空间医生 23; entrapment within the dominant system 深陷于宰治体制 26-27; fragmentation of the urban environment 城市环境碎片化 57，77-78; and industrial

primarily social 列斐伏尔主要在社会维度上对建成环境的探讨 32; made more sophisticated by applying and methods of rhythmanalysis[1] 可因节奏分析方法的应用而更加精巧 103; rhythmanalysis as method for countering alienation in 以节奏分析为抵抗建成环境之异化效应的方法 104; shaped by global capitalist spatial practices 为全球资本主义空间实践所形塑 34; as stage upon which life is played out 生活这场大戏上演的舞台 44; van Eyck and potential for it to be more humane 凡·艾克与建成环境更具人情味的可能性 100。

Bureaucratic 官僚 / 官僚主义式 / 化: abstracting tendencies of 抽象化倾向 73; disciplining of the body 束缚身体 118; oganisation 组织结构 64; organization of towns 城镇组织结构 32，105-106; resistance of everyday to 日常对官僚主义的抵抗 101; society 官僚社会 36; spatiality 官僚化空间性 26; suppression of quotidian 对日常的压迫 33; surveillance 监视 49; tendency toward bloat 40 官僚机构日渐臃肿 40; Utopia as an alternative to 乌托邦作为摆脱官僚主义的出路 40。

C

Calatrava, Santiago 圣地亚哥·卡拉特拉瓦 87。

capitalism 资本主义: and abstract space 资本主义与抽象空间 66; and alienation 资本主义与异化 23，33，57; alternatives to 替代性方案 7，29，42; before capitalism 资本主义之前 33-4; capture of architecture by 对建筑的裹挟 5，9，14，16，25，92，117; destructive capacities

① 此处有语病，and 疑为 the，中译文从 the。——译者注

citizen（s）公民/市民115。

city（cities） 城市：capitalist 资本主义城市25，42，105；contemporary 当代城市8，24，31-32，57，114；Mediterranean 地中海地区城市108，112-=115；modern 现代城市12，23，39-40，64，109，114-115；neocapitalist；neoliberal 新资本主义城市及新自由主义城市11，34，39，63，104；planning 城市规划37-38；pre-capitalist 前资本主义城市41-42；pre-modern 前现代城市74。

code（s）符码：collapse of earlier 早先符码的消亡72-73；in relation to concensus 关联于共识75；in relation to contents of social and spatial in relation to ideology 76-7 关联于与意识形态相关联的社会和空间内容72-73；dialectical character of 符码的辩证性72；earliest spatial 最早的空间符码78；language 语言73；of linear perspective 线性透视法的符码76；a new spatial 一套空间新符码74，77-78；and relations of production 符码与生产关系82；in relation to social and intimate relations 关联于社会和切身关系114；spatial 空间符码72-74，77，79，83；as a system of space 作为空间体制72；unitary 统一的符码79 。

common language 通用语75。

community 社区/集体1：building 社区建构126；effect of capitalist production on 资本主义生产对社区的影响21-22，28，33；social processes of 社区的社会进程8-9。

community life 社区生活22，33。

compensatory 补偿31。

concrete 切实的/具体（的）/混凝土：alternatives 切实可行的出路4；analyses 具体翔实的分析46；arriving at by way of the abstract 由抽象到具体 96; arriving at by way of the body 借助身体考察具体对象 105; arrving at through experience 通过经验探讨具体问题 102; beach 混凝土海滩 108; conditions 具体现状 46，78; considerations 具体考察 73; constraints 具体的规限 67; as definite 切实的; experience 具体经验 82; form 具体形式 26-27，43; idea of history 切实的历史观 48; Lefebvre's focus on 81 列斐伏尔对具体实际的关注 81; mixers 混凝土搅拌机 69; practice as 具体实践 8-9; presence 确实存在 74; proposals 具体建议 55-56; solutions 切实解决方案 26; space as 作为具体之物的空间 79; steps 坚实的一步 31; synthesis 翔实的综合考量 32; times 具体时间 120; universal 具体通性 53; Utopia 具体乌托邦 30，44，48。

conditions 条件 / 状况 / 现实 / 现状: concrete 具体现实 46，78; existing 现状 5-6，25，40; spatial 空间条件 / 状况 / 现状 22，33，77。

Consciousness 意识: 1，10，25-27，30-31，35，37，41，43-44，57，68，74，91，94-97，104-106，116。

consensus 共识: banal 陈腐的共识 59; ideology as an adjunct of 普遍共识必然导致的结果[①] 77; neoliberal 新自由主义共识 2，91。

Constant (Constant Nieuwenhuys) 康斯坦特 (康斯坦特·尼乌文赫伊斯) 7，93。

consumed 被同化 114。

consumerism 消费主义 36。

consumer (s) 消费者 18，28。

① 此处与正文有出入。——译者注

consumption 消费（活动）23，70，105; of architecture 消费建筑 57; capitalist 资本主义消费活动 35; destinations of and for 作为消费活动之场地和对象的去处 107; domain of 消费活动 112; organized 有组织的消费活动 9; programmed 精心编排的消费活动 64; public space as a stage of 作为消费活动之场所的公共空间 114; spaces of 消费空间 11。
counterexamples 更优案例 69。
counter-plan（s）替代性方案 56，86。
counter-practices 替代性实践 7，38，93。
counter-project（s）替代性探寻 56，59，85-87。
counterproposal, counter-proposals 替代性方案 14，35，85-86。
counter-spaces 替代性空间 74，85，95-96。

D
depoliticizing Lefebvre 去政治化列斐伏尔 91-92。
Descartes, René 勒内·笛卡儿 59。
desire（s）欲望 14，18，26，28，41，66，103，116，119，129。
development 发展 / 开发: capitalist 资本主义发展 12; central control of 开发的集中管控[①] 112; economic 经济发展 24; fashions 发展的流行模式 116; project（s）开发项目 111; real estate investment and 房地产投资与开发 25，37，107; uneven geographical 地区间不均衡的发展 123; urban 城市开发 107。
dialectical 辩证 / 辩证的 / 辩证性: analysis 辩证分析 43，100（triadic character of in relation to Hegel and Marx 黑格尔和马克

① 此处与正文有出入。——译者注

思的辩证三元论); character of codes 符码的辩证特性 72; reason 辩证理性 46; relationship between possible and impossible 可能与不可能之辩证关系 43，48，68; Utopia 辩证乌托邦 123; utopianism 辩证乌托邦主义 34，42-44，123; van Eyck's approach as 凡·艾克的辩证方法 100。

difference(s)差异/标新立异: and Mediterranean cities 地中海地区城市与差异 114-115; architect' s stake in 建筑师必须标新立异 ix; coexistence of 求同存异 78; eradication of 抹杀差异 61，92，96; excluded and generated by 重复排除和生产差异 97; moments of 差异的瞬间 105; persistence of 永不排斥差异的产生 96; spaces of 差异之空间 113。

dressage 驯马 118。

E

empty-possible 空洞的可能 31。

Engels, Friedrich 弗里德里希·恩格斯 89。

ethics 伦理: as divorced from aesthetics 割裂于审美 65; in relation to aesthetics 关联于审美 20。

everyday 日常; analysis of 日常分析 62，122; banality of 陈腐之处 36; in collusion with abstract and impersonal forces 与抽象而缺乏人情味的力量的共谋 36; colonisation of by clockwork time and capital 资本和时钟节奏对日常的侵蚀 119; complex character of 复杂特性 36; concrete conditions of 具体现实 46; deformed by positivism 为实证主义所扭曲; discourse 日常话语 74; disruption of 打破连续性 94; dissolution of 瓦解[1] 33; dominated by spectacle 以炫人眼目为主要导向 35;

[1] 此条应归属于 everyday life 日常生活条。——译者注

as the heart of the possible 可能的最核心内容 48; metric organization of 基于公制系统的日常组织结构 113; object of rhythmanalyst’s study 节奏分析者的研究对象 105; pseudo-fête as disconnected from 脱离日常的伪庆典 112; realm 日常领域 78; and resistance 日常与抵抗 14; reunified 重新统一的日常 33; rhythms observable in 于日常中可见的节奏 101; settings for the flourishing of 可使日常欣欣向荣的环境 34; shot through and traversed by great cosmis rhythms 宏大的宇宙节奏纵横交织在日常之中 119; as site of alternatives 出路得以产生之所 4，6，10，36，49，51，105-106; as site of resistance and comformity 抵抗和驯良得以产生之所 36，48，101，118-119; tacit utopianism of 有实无名的乌托邦 107; tranforming 变革日常 37; unitary theory of 统一理论; utopian moment of 乌托邦瞬间 107; where past and present intersect 过去与现在的交会之处 14。

everyday life 日常生活: in relation to architecture and cities 关联于建筑和城市 124; as convivial 友好愉快的日常生活 34; critique（s）批判 8，10-11，14，33，43-44; deprivation of 日常生活遭受的惨重损失 27; destructive effect of progress on 进步对于日常生活的破坏性作用 28; dialectical utopianism as a method for critiqueing 辩证乌托邦作为批判日常生活的方法 43-44; directly lived 通过实际生活直接体验的日常生活 41-42; dissolution of 瓦解 33; domination by apparently totalizing forces 裹挟于看似无所不包的力量 9，67，77; equivalent of programmed consumption and location of bureaucratic organization 无异于精心编排过的消费活动，且为官僚主义式组织结构发挥作用之处 64; full and active participation 充分积极地参与日常生活 32;

gap between architects' and planners' products and 建筑师、规划师之产品与日常生活间的鸿沟 56-57; main theme of Lefebvre's thinking 列斐伏尔思想的主题 2，54; in New York City 纽约的日常生活 15; not a generic good 并不代表大众利益 64; recuperation of 重拾日常生活的价值与意义[①] 39; renewed forms of 更新过的日常生活形式 26-27; rhythmanalysis of 日常生活的节奏分析 95，105; site of resistance to bureaucratic organization, divisions of capitalist production and requirements of the state 抵抗官僚主义组织结构、资本主义生产分工和国家需求之场所 64; 日常生活的社会和切身节奏 127; source of resistance to abstract space of capitalist production 抵抗资本主义生产之抽象空间的力量源泉 55，64; space, time and 空间，时间与日常生活 13; and its spaces 日常生活及其空间 33; splendor of 日常生活的光彩 27; transformation of 日常生活的改变 89; van Eyck's architecture as counterforms to 凡·艾克的建筑作品作为日常生活的相应形式 93。

exchange value 交换价值: 63，70，72，103，107。

experience（s）经验 / 体验: aesthetics divorced from 割裂于经验的审美 65; collective action informed by 基于体验的集体行动 4; concrete 具体经验 82; directly lived: 通过实际生活直接获取的体验 28，47，87，96; and identity 经验与身份认同 3; individual 个体经验; of individuals and groups 个体和群体经验 63; lived 通过实际生活获取的体验 58-9，63; passive 被动体验 83；and rhythmanalyst 经验与节奏分析者 102; as sources of alternatives 出路的基础 21; theory of

① 此处与正文有出入。——译者注

F

G

以复加的孤立 68; impossibility of architecture under the conditions of 在全球资本主义裹挟下建筑寻求出路之不可能 12，14; in relation to technological Utopia 关联于技术乌托邦 66; 另见“capitalism 资本主义”条。
golden age 黄金时代 21。

H

harmony 和谐 / 和声 32，64，67，96，99。
Harvey, David 戴维·哈维 12，26
hegemony 霸权: definition of 定义 60; Lefebvre's target 列斐伏尔的批判对象 61-62; refused in the Mediterranean 地中海地区城市拒绝霸权 114。
Hertzberger, Herman 赫尔曼·赫茨博格 6。
Homogeneity 同质性 57: 地中海地区城市拒绝同质性 114; spatial 空间同质性 72;
hope（s）希望: abstract 抽象的希望 44; anticipatory function of 期许未来的功用 30; Bloch as philosopher of 希望哲人布洛赫 10，25; ebbing of 式微 34-35; extinguishing of 扼杀希望 18; false 痴人说梦的希望 19; for the future 心系的将来 18; as opposite of despair 对立于绝望 41。
horizons of possibility 探求可能性的眼界: expansion of 拓展了眼界 34; limitation of 束缚了眼界 18。
human body 人体: centrality of to architecture's social vision 在对建筑之社会愿景的追求中占据的核心地位 121; as primary reference in the built environment 建成环境的主要参照物 103; scale of 人体尺度 109; as subject, object and model for social structuring and restricting, and architecture and cities 无论是对于社会结构构建和再构建，还是建筑和城市而言，

均同时是主体、客体和范本 121。

I

idealism 理想主义 30，37。

Ideology 意识形态/理念: dominant 主流意识形态 61; embedded[①] in gesture 展现于姿态之中; in relation to hegemony 关联于霸权 60; identification of with a particular space 为特定空间的标志 82; and knowledge 意识形态与知识 41; materials as carrier of 物质为意识形态的载体 61; as necessary adjunct of consensus 普遍共识必然导致的结果[②] 77; of originality 独创性理念 87; requires a space 意识形态需要空间 76; sporting 炫示性意识形态 117。

Interdisciplinarity, interdisciplinary 跨学科（的）64，101-102。

Intimate, intimately 切身的（地）: knowledge 切身熟知 110; and social relation 切身和社会关系 114; rhythms 切身节奏 117; separation from the state-political 孤立于国家政治 122。

J

Jameson, Fredric 弗雷德里克· 詹姆森: and the crisis of architecture 詹姆森与建筑的危机 5; Lefebvre's influence on 列斐伏尔对詹姆森的影响 13; as theorist of total closure 持完全封闭论调的理论家 10，103。

L

labour 劳动: and passive body 劳动与被动之身体; division of 劳动分工 28，40，57，60，64; preindustrial 前工业化时代的劳动 112。

① 正文为 embodied，中译文从正文。——译者注

② 此处与正文有出入。——译者注

recollected by Romanticism 浪漫主义重新实现现代性带来的希望 19; proximity between and archaism 现代与古代的密切接触 110; solvent aspects of 现代性具有消融力的因素 29; in tension with social justice 现代性与社会正义的矛盾 1; threshold of 迈入现代时期之时 53; tradition and 传统与现代 28; transformation in the name of 以现代为名的改造 116; unhinged from past 脱离了过去的现代 27。

More, Sir Thomas 托马斯·莫尔 48。

Morris, William 威廉·莫里斯: and architecture 莫里斯与建筑 19; correspondence of Lefebvre's thinking with 列斐伏尔思想与莫里斯的契合之处 20-21; as social reformer 社会改革论者 5。

Municipal Baths, Vals, Switzerland 7132 温泉浴场，瑞士瓦尔斯 103; **121**。

N

neocapitalist, neocapitalism 新资本主义: as dominant ideology 主流意识形态; space 新资本主义空间 60，68; system 新资本主义体制 23。

neoliberal, neoliberalism 新自由主义: city 新自由主义城市 34; consensus 新自由主义共识 2，91; emphasis on vacuity 对思想贫乏的崇奉 63; influence on social life and built environment 对社会生活和建成环境的影响 39; production of space 空间的新自由主义生产 104; spaces 新自由主义空间 11，91; spatial practices 新自由主义空间实践 34。

Newcastle upon Tyne 纽卡斯尔: computer image 电脑图像 **58**; Waterloo Square 滑铁卢广场 **50**。

New York City 纽约: everyday life in 纽约的日常生活 **15**;

和将来构成辩证三元 100; practices 过去的实践 15; pre-capitalist 前资本主义时期 33; as radical 具有彻底的革新意味 29; source of alternatives 出路产生的源泉 14，29-31，34，73; tensions between and future 过去与未来间的矛盾 33; towns as source for future ones 过去城镇作为构筑未来城镇的基础 32; uncompleted work 过去未能实现之事 30-31。
Piano, Renzo 伦佐·皮亚诺 108，**110**。
place and occasion 场合与时机 120-121。
planner（s）规划师: and abstraction 规划师与抽象化 82; claims for their work 作品志存高远 49; and counter-projects 规划师与替代性探寻 86-87; as doctors of space 空间医生 23; entrapment within the dominant system 深陷于宰治体制 26-27; and fragmentation of the urban environment 规划师与城市环境碎片化 77-78; practice habits of 规划师的实践习 惯 34; separation of plans from intended beneficiaries 方案脱离目标用户 56，62-63; and setting for the everyday 规划师与日常之环境 34; as specialists 专业人员 32; and Utopia 规划师与乌托邦 40，45-47，51。
planning 规划 35，46，97; city 城市规划 37-38; modern 现代规划 49; and omission of space and place 规划与对空间和场所的忽视 105; social 社会规划 66; urban 城市规划 5，25，35，49，65-66，73;and urban design 规划与城市设计 1-2。
poetic 诗歌 / 诗性 102，123。
political power 政治权力 53，67，74，86，107。
polyrhythmia, polyrhythmic, polyrhythmically 多重节奏 91，114，120。
positivism 实证主义: certainty of control as the absence of thought 放弃思考导致管控的确定性 40，42; colonisation of

pre-capitalist 前资本主义: architecture 前资本主义建筑 117; city 前资本主义城市 41-42; modes of life 前资本主义生活方式 27; organization of production 前资本主义生产组织方式 21-22; past 过去 33; social arrangements 前资本主义社会安排 30。

pre-industrial 前工业化: city superior to modern city 前工业化城市优于现代城市 74; as crituqe of modernity 用以批判现代 21，33-34; Lefebvre's reference to the social and spatial fomrs of 列斐伏尔对前工业化社会与空间形式的参照 21，25，33-34，112; space 前工业化空间 82; towns embody something missing from modern ones 前工业化城镇有现代城镇所无 31，33-34; Venice, Italy 意大利威尼斯 115。

producers and consumers 生产者与消费者: separations between 分裂 28。

product（s）产品: buildings as 作为产品的建筑 57; dominance of visual 视像因素占据主导地位 70; in relation to an ideology or originality 与独创性理念的关联 87; reproducibility and standardization 可再生产性和标准化 54，97; status of space as 空间沦为产品 70; vanquish works 产品战胜作品 69; as opposed to works 对立于作品 63，70，72。

production 生产: architectural 建筑生产 37; capitalist 资本主义生产 21，23，37，55，63-64; conditions of 生产条件 20; industrial 工业化生产 64，113; prevailing modes of 主流生产方式 60，63; relations of 生产关系 37，62，80，82; representations of the relations of 生产关系的表征 62; of social space 社会空间的生产 59，62; of space 空间的生产 1-2，6，8，11，13，26，53-60，62，64，66，70，82-83，85，89，92，95，104，129。

斯卡纳 26，28，75。
repetition 重复 ix，5，69-70，99，118; cyclical 循环重复 96-97。
representation（s）表征 / 表现 2，58，76; architectural 建筑表现 82; cosmological 宇宙观念的表征 84; decorative 装饰性表现手法 109; as distancing 疏远 104; dominant 56，82 主流表征; habits of 表现习惯 11; partial 局部表征 65; problems of 表征的问题 58; of reality 现实的表征 47; of the relations of production 生产关系的表征 62; of society 社会的表征 62 ; of space 空间的表征 54，62，75-76，79，81-82，84，115; visual 视像表现 58。
representational space（s）表征性空间: 62，76，79，81，83-84。
restrictive realism 现实主义枷锁 30。
reworking what exists 改变现状 23。
rhythm（s）节奏: analysis of 对节奏的分析 102，106; of bodies and social activies 身体和社会活动的节奏 96-97; cyclical 循环节奏 97，113; of daily life 日常生活的节奏 80; and difference 节奏与差异 96; as inflection of space in time 随时间流逝而发生的对空间的改造 120; inderdependence of spatial and temporal 时空相辅相成 120; internalized through repetition 通过重复而内化 118-119; Lefebvre's concept of 列斐伏尔的节奏概念 98-99，102; as non-mechanical 非机械节奏 119; not movement 并非运动 96; as rational and least rational 既理性亦最不理性 96-98; relativity of 节奏的相对性 120，122; of steps 阶梯的节奏 115-116; urban 城市节奏 115; van Eyck's preoccupation with 凡·艾克对节奏的关注 121。

革命浪漫主义 21，33; and Utopia 浪漫主义与乌托邦 1-2，11-12，21-2，30，34，49; as a Utopian anticipation 作为对未来的乌托邦式期许 30。
Rome, Italy 意大利罗马: 69，**75**，**84**; Ancient 古罗马 81-84。
Rowe, Colin 科林·罗 86。
rural 乡村: communities 乡村社区 27; decline of a way of life 乡村生活的衰退; deprivation of everyday life 日常生活的剥离; ground 乡村地区 81 ; pre-capitalist conditions of 前资本主义时期乡村地区的情状 22; sociology 乡村社会学 21; unity with urban 城乡统一 79。
Ruskin, John 约翰·拉斯金: and architecture 拉斯金与建筑 5; correspondences of Lefebvre's thinking to 20-21 列斐伏尔思想与拉斯金的契合之处 20-21。Utopian socialist reform vision of 拉斯金的乌托邦社会主义改革愿景 19。

S

Sage Gateshead 圣盖茨黑德音乐中心 **88**。
science 科学 102: dominance of 97 科学占据的主导地位 97; fiction 科幻 66; as insufficient 有所不足 98; rhythmanalysis as 节奏分析为科学 95; of space 空间科学 59，64-65; and technology 科技 97，103; and Utopia 科学与乌托邦 68。
self-determination 自决 32。
shopping mall（s）购物中心: dominance of 成为主流 35; as key setting of daily life 35-36 日常生活的核心环境 35-36; in the Marais 玛莱区的购物中心 108，117; ubiquity of 无处不在 69。
Siena, Italy 意大利锡耶纳 69。
Situationists 情境主义者: Constant's association with 与康斯坦

特的交往 93; Lefebvre's association with 与列斐伏尔的交往 7，93。
social 社会 / 社会性 / 社会的: activities 社会活动 10，97，113; conditions 社会条件 25，64; critique 社会批判 22; dimension 社会层面 / 维度 6，73，76; dreaming 社会梦想 77; emptiness 社会空虚 5，engagement[①] 脱离于社会 2; engineering 社会工程 67; housing 社会住房 25; imaginary 社会想象 18; imagination 社会想象 7; justice 社会正义 1; life 社会生活 11，13，21-22，27，34，39-42，51-52，59-60，63，65，67-68，73-74，79，83，92，98，101，113，117，122; 社会规划 planning 66; practice（s）社会实践 55，59，61，72，74，76，81-82; process（es）社会进程 2，8-9，64，123; realm 社会领域 59，63; reform 社会改革 23，25; relations 社会关系 12，81，87，98，101，125; richness 社会丰富性 117; rituals 社会仪式 10; sciences 社会科学 105; settings 社会环境 22; space（s）社会空间 3，11，54，59，61=62，65，72，76，80-81，95。
social and intimate rhythms 社会与切身节奏 114，127。
sociology 社会学 41，102，123: inspired by Marx 受马克思启发 41; rural 乡村社会学 21。
space（s）空间: absolute 绝对空间 54; abstract 抽象空间 53-55，66-67，86，95; capitalist 资本主义空间 22，105; of the city 城市空间 62，74; as commodity 作为商品的空间 **58**，63，68-69，70，103，117; conceived 所构想的空间 75，82，84; conceptualized 空间概念化 82; contradictory

① 正文为 disengagement，应以正文为是。

矛盾空间 54; criticism of 23，56 空间批评; directly lived 通过实际生活所直接经历的空间 62-63，83-84; dominated 受宰治的空间 83; empty 空洞空间 53; Euclidean 欧几里得几何空间 73; geometrical 几何空间 59; hegemonic 霸权空间 60-61; historical 历史空间 54; lived 通过实际生活所体验的空间 82; mental 心理空间 59-60; non-hegemonic 非霸权空间 60-61; as product 作为产品的空间 70。103; production of 空间的生产 1-2，6，8，11，12，26，53-60，62，64，66，70，82-83，85，88-89，92，95，104，129; public 公共空间 114-115; real 真实空间 1，59; relative 相对空间 54; of representation 54 表征性空间; representational 表征性空间 62，76，79，81，83-84; representations of 空间的表征 54，62，76，79，81-82，84; represented 被表征的空间 82; science of 空间科学 59，64-65; social 社会空间 54，59，61-62，65，72，76，80-81，95; of social practice 社会实践的空间 61; system of 空间体系 72; and time 空间与时间 118，120，122; unitary theory of system of space① 空间体系的统一理论; urban 城市空间 61-62，91，113。

Spaces of Hope《希望的空间》12，123，130。

spatial 空间（的）: alternatives 空间的出路 / 替代性空间 50-51; arragements 空间安排 22，41，73; closure 空间封闭 26，123; codes 空间符码 72-74; conditions 空间状况 22，33，73; context 空间语境 122; form（s）空间形式 26，30，123; homogeneity 空间同质性 72; practice（s）空间实践 64，67-69，72-81，84-85，93; praxis 空间实践 54; 空

① 此处与正文有出入。

间现实 23; reform 空间革新 23，25; relations 空间关系 22-23; richness 空间丰富性 13。

specialization 专业化 39-40，44-46，63.

spectacle 景观 / 炫人眼目 35，37，39，105，107，111-112.

state（s）国家 2，9，30，53，57，64，79，83，92，107，113，115，117; apparatuses 国家机构 117; capitalism 国家资本主义 11; consciousness 国家意识 36-37; controls 国家管控 55; domination 国家宰治 91; interests 国家利益 105-106; -political（order）国家政治（秩序）110-111，122; socialism 39。

substructure 下层建筑 23，36-37。

suburbs 郊区 23，57，64。

subversive 颠覆性的 61，99。

supermodernity 超现代性 35。

superstructure 上层建筑 23，37。

System（s）体制 / 体系 / 系统 25，64，89，119; abstract 抽象体系 47; alternative to capitalism 资本主义的替代性体系 7; antithesis of 反抗体制 53，85，89; of architectural representation 建筑表现体系 46-47; base twelve 以 12 为基数的系统 112; building 53，85，89 体制构建; capitalist 资本主义体制 23; closed 封闭体制 39，118; coded 符码体系 73; coherent 统一体系 83; of control 管控体制 60; critique of 体制批判 22-23; decimal 十进制 113; dominant 宰治体制 9-11，14-15，25-27，60，91; duodecimal 十二进制 112; economic 经济体制 7; existing 现存体制 36; making 体制构建 90; metric 公制系统 113; neocapitalist 新资本主义体制 23; of organization 组织体制 22; philosophical 哲学体系 19; political 政治体制 14; prevaling 主流体制 77; of production

生产体制 60; of space 空间体系 72; total 无所不包的体制 103; totalising “一刀切”式体制 35; underlying 作为基础的体制 24-25; universalising 强求四海一同的体制 35; world 世界体系 10。
systematization（s）系统化 61-62，90。

T

Tafuri, Manfredo 曼弗雷多·塔富里: and the crisis of architecture 塔夫里与建筑 14，16，34，86，103; different conclusions from Lefebvre 列斐伏尔与塔夫里结论不同 7; influence of 塔夫里的影响 12; and the limits of architecture 塔夫里与建筑的局限 5，86，103; as Marxist historian 马克思主义历史学家 7; as theorist of total closure 持完全封闭论调的理论家 10，14，34。
tenique 技法 114。
temporal 时间（的）: and spatial 时间与空间 120，123; reach 时间层面的可实现性 22; richness 时间丰富性 13。
theory 理论: architecture 建筑理论 2，6，7，13，15-16，33，37，97，124，129; beyond system-building 超越体制构建的理论 53; critical 批评理论 66-67，74; deprivation of 使理论失去 100-101; of the everyday 日常理论 33; explosion of 理论爆炸 16，37; Le Corbusier's 勒·柯布西耶的理论 92-93; of moments 瞬间理论 94-95; operative 操作性理论 85; practice and 理论与实践 2，4，33，77; for practice 实践理论 8-9; as a product of Utopia 乌托邦的产物 38，40; of rhythms 节奏理论 91，102; separation 理论脱离实践 40，60，97，100-101; of space 空间理论 61; and transduction 理论与转形 44-45。

twentieth century 20 世纪 5，12，19，73，93。
twenty-first century 21 世纪 5。
tyranny 僭主政治 26；另见“absolutism 威权主义”条。

U

unequal societies 社会不公 18，40。
unthinkable 无法可想：alternatives 出路无法可想 5：fundamentally utopian 思索看似不可思索之事的方法在根本性质上是乌托邦式的 38；
urban 城市：design 城市设计 1-2；designers（s）城市设计师 34，39，51，61，63；development 城市开发 107；environment 城市环境 57，77，105；forms 城市形式 112；innovations 城市变革 25；milieu 城市环境 42；modernism 现代主义城市 19；planners 城市规划师 40，49；planning 城市规划 5，25，65；practices 城市实践 11，34，37，103，114；projects 城市项目 123；realm 城市领域 78；redeveleopment 城市再开发 49；renew 城市更新 25；research 城市研究 49；settings 城市环境 97，99，101；space 城市空间 61-62，91，113-114；surgery 城市手术 24。
urbanism 城市主义 / 城市设计 5，8，10，19，37，63，81，98，100，103；architectural 建筑城市主义 35；Le Corbusier's 勒·柯布西耶的城市设计 92-93；Lefebvre's model of 列斐伏尔的城市设计范本 114；social dimension of 城市设计的社会维度 76；split between architecture and urbanism 建筑设计和城市设计的分裂 69；and technological utopia 城市设计与技术乌托邦 66-67；van Eyck's 凡·艾克的城市设计 93。
urbanists 城市设计师 23，73，78，82，93。

use value 使用价值 63，70。

Utopia（s）乌托邦：abstract 抽象乌托邦 31，47-48；and anticipation 乌托邦与期许 41；applied 应用乌托邦 41；and architecture 乌托邦与建筑 37，47；concrete 具体乌托邦 30，48；constitutive 组成性乌托邦 43；critical 批判性乌托邦 66；degenerate 乌托邦的衰退 25；dialectical 辩证乌托邦 46，48，67-68，123；easy 浅薄的乌托邦 90；experimental 实验性乌托邦 45-46；as furthest edge of possible 可能性之国度的最遥远边界上 89；as good non place 虽好却尚不存在之地 48；as good place 好地方 of impossibility 不可能之乌托邦 89；Lefebvre and 列斐伏尔与乌托邦 34；as method 作为方法的乌托邦 18，20，43；negative 消极乌托邦 67；as no place 不存在之地 48；no thought without 没有思想可以脱离乌托邦而存在 48；pathological 病理性乌托邦 43；positive 积极乌托邦 51-52；positivism masquerading as 披着乌托邦外皮的实证主义 49；as possible-impossible 可能之不可能 48，67-68；practical side of 乌托邦的实践维度 50；prognosticating 预报式乌托邦 47；propensity for research 研究倾向 50；of real projects 实际项目的乌托邦 89；as recuperated social life 复兴的社会生活 51；rejection of 拒斥乌托邦 88；and Romanticism 乌托邦与浪漫主义 1，19，22，30，49；of social process 社会进程的乌托邦 123；of spatial closure 空间封闭的乌托邦 123；technological 技术乌托邦 66-67；theoretical 理论乌托邦 44；as theory of the distantly possible 遥而可及之可能性的乌托邦 48；totalising 一刀切式乌托邦；urgent 51-52 急切的乌托邦。

utopian 乌托邦的 / 乌托邦式 / 乌托邦者 / 乌托邦意味：alternative

① 正文无此意，不知何指。

① 此条疑应列于“utopian 乌托邦的 / 乌托邦式 / 乌托邦者 / 乌托邦意味”下。
② 同上。
③ 同上。

129; radical implications of his work 作品含有追求彻底变革的弦外之音 7，93。

Venice, Italy 意大利威尼斯 83，115。

Vitruvius（Marcus Vitruvius Pollio）维特鲁威（马库斯·维特鲁威·波里奥）32，79。

Z

Zumthor, Peter 彼得·卒姆托：childlike wonder and bodily events as source of designs 以童趣和身体时间为设计依据 103; as exception 例 外 103; Municipal Baths, Vals, Switzerland 7132 温泉浴场，瑞士瓦尔斯 103，**121**; work in relation to rhythm and rhythmanalysis 作品与节奏和节奏分析有所关联 121。

给建筑师的思想家读本

Thinkers for Architects

为寻找设计灵感或寻找引导实践的批判性框架，建筑师经常跨学科反思哲学思潮及理论。本套丛书将为进行建筑主题写作并以此提升设计洞察力的重要学者提供快速且清晰的引导。

建筑师解读德勒兹与瓜塔里

[英] 安德鲁·巴兰坦 著

建筑师解读海德格尔

[英] 亚当·沙尔 著

建筑师解读伊里加雷

[英] 佩格·罗斯 著

建筑师解读巴巴

[英] 费利佩·埃尔南德斯 著

建筑师解读梅洛－庞蒂

[英] 乔纳森·黑尔 著

建筑师解读布迪厄

[英] 海伦娜·韦伯斯特 著

建筑师解读本雅明

[美] 布赖恩·埃利奥特 著

建筑师解读伽达默尔

[美] 保罗·基德尔 著

建筑师解读古德曼

[西] 雷梅·卡德国维拉－韦宁 著

建筑师解读德里达

[英] 理查德·科因 著

建筑师解读福柯

[英] 戈尔达娜·丰塔纳－朱斯蒂 著

建筑师解读维希留

[英] 约翰·阿米蒂奇 著

建筑师解读列斐伏尔

[英] 纳撒尼尔·科尔曼 著